1. 春红一号（晋萝卜3号）
2. 萝卜芽
3. 红皮萝卜
4. 四季美叶用萝卜
5. 樱桃萝卜
6. 绿皮萝卜

1. 大棚栽培
2. 高畦栽培
3. 高山栽培
4. 起垄栽培
5. 阳畦栽培
6. 早春地膜覆盖栽培

1. 萝卜田多功能诱捕器防虫
2. 萝卜田黄板防虫
3. 冬季温室边角种植萝卜
4. 萝卜生产田
5. 平畦栽培的萝卜

1. 甘蓝套种萝卜
2. 秋播大白菜畦埂间作萝卜
3. 秋萝卜收获
4. 水萝卜收获
5. 温室芹菜套种萝卜
6. 玉米茬地复播萝卜

萝卜
实用栽培技术

LUOBO SHIYONG ZAIPEI JISHU

武玲萱 刘 钊 王生武 编著

中国科学技术出版社

·北京·

图书在版编目（CIP）数据

萝卜实用栽培技术 / 武玲萱，刘钊，王生武编著．
—北京：中国科学技术出版社，2017.1
ISBN 978-7-5046-7397-8

Ⅰ. ①萝… Ⅱ. ①武… ②刘… ③王… Ⅲ. ①萝卜—
蔬菜园艺 Ⅳ. ① S631.1

中国版本图书馆 CIP 数据核字（2017）第 000195 号

策划编辑	刘 聪 王绍昱	
责任编辑	刘 聪 王绍昱	
装帧设计	中文天地	
责任校对	刘洪岩	
责任印制	马宇晨	

出 版	中国科学技术出版社
发 行	中国科学技术出版社发行部
地 址	北京市海淀区中关村南大街16号
邮 编	100081
发行电话	010-62173865
传 真	010-62173081
网 址	http://www.cspbooks.com.cn

开 本	889mm×1194mm 1/32
字 数	119千字
印 张	5.25
彩 页	4
版 次	2017年1月第1版
印 次	2017年1月第1次印刷
印 刷	北京盛通印刷股份有限公司
书 号	ISBN 978-7-5046-7397-8 / S·615
定 价	16.00元

Contents 目 录

第一章
概　述

一、萝卜生产现状

萝卜作为大众化蔬菜，在中国的栽培历史已有2 700多年，全国各地都有种植。中国萝卜的品种类型比世界上任何国家都丰富，任何区域、任何季节都有合适的品种可以种植。萝卜按肉质根形状分类有：圆球形、扁圆形、圆柱形、圆锥形、纺锤形等；按肉质根皮色分类有：绿皮、白皮、红皮、紫皮、黑皮等；按肉质根肉质的颜色分类有：绿色、白色、淡绿色、淡红色、红色、淡紫色、紫红色等；按栽培季节分类有：春夏萝卜、夏秋萝卜、秋冬萝卜、冬春萝卜、四季萝卜；按用途分类有：菜用、加工用、水果用。萝卜各品种的生育期还有不同叶形及不同叶丛生长状态的分类等，全国有近2 000个萝卜品种。随着国内品种的发掘改良和国外品种的大量引进，萝卜在生产上可供选择利用的品种也更丰富。

据统计，我国萝卜种植面积及产量近年来增速缓慢，已趋于稳定，种植面积在120万公顷左右，总产量在4 000万吨上下。萝卜生产主要集中在河北、浙江、山东、江苏、安徽、河南、广东、四川等省。由于萝卜生产地区自然环境、经济环境及社会环境的不同，我国不同区域萝卜生产发展水平也存在较大差异：河北、辽宁、北京和山东等地是单产优势区域，湖北、四川、湖南和河南等地为生产规模优势区域。萝卜总成本呈下降趋势，其中生产成本在总成本中所占比例逐年下降，而土地成本、人工成本占总成本的比例在逐年上升，投入产出比也有一定的下降，总体来说萝卜生产处于一种低投入低利润的生产状态。萝卜全要素生产率的平均增长率为负向增长，这主要是由于技术效率的负向增长所造成，近年来大部分萝卜生产地区都是规模报酬递减，这说明了萝卜生产模式过于粗放。随着农业结构调整与贸易自由化的发展，我国萝卜市场逐渐与国际市场对接，国际市场虽给我国萝卜发展提供了新的发展机遇，但其激烈的竞争环境也对我国萝卜生产提出了更高的要求。如何有效地优化我国萝卜生产的成本效益和全要素生产率，提高我国萝卜及其加工品在国际贸易中的竞争优势，正成为当前我国萝卜产业发展亟待解决的问题。

中国是世界上第一大萝卜生产国，在世界萝卜产业中的地位越来越重要。20世纪中期至今，我国萝卜种植面积（产量）占世界萝卜种植面积（产量）的比重上涨非常快。截至2010年底，我国萝卜种植面积占世界萝卜总种植面积的比重已经达到40%，而萝卜产量占世界萝卜总产量的比重高达47%。

随着出口贸易的发展，萝卜在出口蔬菜中的地位日渐重要。每年春季大批白萝卜运往喜食萝卜泡菜的日本、韩国，秋季经简单加工的萝卜半成品也在源源不断地运往国外。我国虽是萝卜净出口国，但尚未形成优质优价的市场优势，高端优质萝卜依然稀缺。作为萝卜出口国，我国每年仍然需要进口一部分高端萝卜，这说明我国萝卜的生产并不能满足高端萝卜消费市场的需求，即优质萝卜生产是我国萝卜产业的一块短板。因此，提高萝卜生产水平，使萝卜产品在外观、营养价值、风味、安全性等综合特征方面得到提升，满足市场需求，增强国际竞争力，将是萝卜产业发展的必然趋势。

二、萝卜生产存在的问题

（一）产业组织化程度低

目前，我国萝卜的生产和销售方式还是以自产自销、批零兼顾为主，主要问题表现为产业链条不通畅。萝卜的植物学特征使其所需要的仓储、运输条件较高，而个体种植户缺乏资金，很难建立起较大规模的贮藏保鲜设施。另外，萝卜生产以分散种植为主，难以进行规范的技术指导和产品质量检测。有些农户的产品不分级、不加工、不包装，直接到市场摆摊销售，影响了商品的品质和价格，造成产品附加值较低，而且与现有城乡居民追求的高品质蔬菜消费观产生冲突。萝卜产品的生产、保鲜、加工、销售一体化水平低，产前、产中、产后衔接不紧密，不能形成规模效益，制约了萝卜产业发展。

（二）缺少统一生产标准

种植户缺乏科学种植理念，习惯传统种植模式，使得萝卜栽培管理粗放，有些生产标准缺乏具体操作模式，标准化生产规范难以落实。萝卜多年重茬生产会使田中病虫害非常严重，而主要依靠农药的防治措施，不仅增加生产成本，还会造成果实农药高残留，影响萝卜的品质及食用安全，而且农药还对土壤及环境形成污染。如果菜农仅以当地的传统种植技术和相关实践经验生产为主，没有统一的技术标准，那么种植的萝卜在品种、质量、形状和大小方面差别会非常大，这些都不利于后续加工，而且会影响加工品的优质率和成品率。

（三）新品种推广力度低

萝卜品种繁多、参差不齐，在我国种业发展尚属初级阶段的情况下，种子公司也表现为良莠不齐，因为地方品种繁多，农民鉴别能力有限，所以无法实现不同萝卜品种的比较。萝卜品种和质量的好坏直接影响到农户的种植效益及萝卜产业的良性发展。

（四）高端优质萝卜产量极少

目前，我国萝卜市场还没有形成优质优价的销售模式，高端优质萝卜非常稀缺。作为萝卜出口国，我国仍然在进口高端萝卜，而且进口价格远高于国内市场价格，有的年份进、出口价格差甚至达 10 倍。优质萝卜生产是我国萝卜产业的一块短板。

（五）综合加工能力薄弱

我国萝卜的深加工品种非常少，主要以粗加工为主，而且大部分萝卜加工企业仍以传统手工作坊式生产为主，加工、保鲜技术与设备都较落后。萝卜的特色加工产品不多，加工综合利用水平差，使得其产品附加值低。此外，萝卜加工企业规模小，加工技术落后；企业资金有限，对人才、技术的研究开发投入很少，自主创新能力较弱，产—学—研体系不健全。企业与科研单位对接不畅通，会造成技术研发与技术转化脱节，科研单位的萝卜加工技术研究与萝卜加工生产实际需要结合不够紧密。萝卜加工仓储及运输能力薄弱，造成萝卜加工中的浪费严重。加工保鲜技术落后，贮运流通不畅，以及产品分级、清洗、预冷、冷藏、运输等存在的问题，致使蔬菜在采后流通过程中的损失相当严重，每年损失达25%～30%，而美国损失率仅为1.7%～5%。保鲜冷藏技术落后和贮运设施设备投入不足，使产品流通受阻，限制了生产规模，成为制约萝卜产业化发展的瓶颈。

三、萝卜产业发展前景

（一）提高萝卜生产组织化程度

第一，政府积极引导、扶持萝卜的龙头企业，并不断发展萝卜专业技术协会、产销合作组织和市场中介组织。充分利用各类合作组织，集中对萝卜种植户进行培训，提高种植户的质量安全意识、组织化管理水平和标准化种植技术，同时要使萝卜种植户能够从中获得明确的经济收益，保持对萝卜种植户的吸引力和一定的约束力。

第二，通过订单农业，带动农户进行标准化生产，强化农产品质量安全检测，保证加工萝卜的质量安全建设。逐步形成"公司＋农户＋市场"、"公司＋基地＋农户＋订单"、"协会＋农户＋定单"、"公司＋商标＋基地（农户）"等经营方式，将自然资源、企业资源、农户资源和市场进行组合优化，引导企业与农户建立稳定的产销服务关系，实现零散生产与大市场有效对接，提高萝卜规模化生产程度，促进产业化经营。

第三，加工企业要不断实施品牌战略，把打造品牌、保护品牌和发展品牌作为重要工作，积极组织申报绿色或有机萝卜食品标志使用权，提高种植水准，生产高质量产品，统一包装、统一销售，防止假冒伪劣商标冲击，维护品牌信誉，利用一些展销会和节庆等活动打造品牌知名度，提高市场竞争力，全面提升萝卜产业层次和发展水平，促进萝卜产业向更高层次发展。

（二）改进萝卜栽培模式和技术

第一，改善栽培设施，创新栽培管理，对病虫害多采用物理防治和生物防治等技术。

第二，优良品种是生产的核心，根据市场需求有目的地选择和利用种质资源，选育适于不同地区、不同栽培季节和不同栽培方式的品种，选育耐抽薹、耐热、抗病、耐贮藏、易加工的品种，同时加大良种繁殖及名优品种引进、筛选的力度。

第三，建立示范基地，实现标准化生产。在基地内实行统一供种、统一配方施肥、统一种植、统一病虫害防治、统一标准、统一加工、统一销售，用规范的技术流程指导示范基地的建设，进行萝卜的优质生产，从而实现萝卜生产的标准化、科学化。

第四，加大对萝卜种植模式和技术的研发经费和相关项目投入，引导相关技术转化为生产力并加大新品种、新技术的补贴和推广力度。鼓励农民种植优质萝卜，以促进萝卜种植户增收增效。

第五，整合萝卜种子市场，规范种子经营行为。对萝卜种子品种进行整合，把市场上的种子进行分门别类，重点推介和推广示范一些优良品种。对萝卜种子市场监督抽查，以确保农民用种安全。提高企业的质量意识，确保种子质量，按照"经营有记录，流向可查寻，质量能追溯，责任易追究"的原则进行监管。

（三）加大优质萝卜的生产和推广

逐步建立优质优价的萝卜市场，对主要萝卜生产地环境质量、土壤条件进行检测和评价，划定优质萝卜生产的适宜区，制定种植标准和程序，指导萝卜种植户按照优质萝卜生产技术规程进行生产。力争做到产前环境检测，建立萝卜优质生产基地；产中体系建立，颁发地方标准，严格按照技术规程操作；建立技术服务体系，培养一批蔬菜优质生产技术推广队伍，服务于生产环节的全过程；加强贮运管理，减少流通中的污染；产后产品检测，达到国内外绿色蔬菜销售标准。

（四）提高萝卜深加工水平

第一，加强萝卜采后处理、分级包装、贮运保鲜和精深加工技术的研究与应用，引导农产品加工企业积极吸纳国内外先进技术、工艺和设备，积极进行技术改造和技术创新，开发生产萝卜酱菜、萝卜干、萝卜汁和萝卜果脯等多种类型的萝卜保健食品和美容产品，提高产品附加值，拓展新的发展空间；加强政策导向作用和政府扶持力度，制定相应的保护和支持措施来发展萝卜加工业；以萝卜深加工产业链为中心，组建企业集团，实现萝卜加工利用一条龙，在加工转化过程中提高萝卜的附加值。对萝卜加工业的技术创新给予鼓励和扶持，对加工龙头企业进行补贴和投资。

第二，通过嵌入云视频软件接口，可以越过传统高成本、管理难的视频网站，搭建低成本易运行的农业科技视频平台。农业部门可根据实际需求，在现有网络设备及技术基础上，建立可视化农业科技推广视频系统，开展多样、交互的农业信息服务，农村网民可以通过该系统随时随地获取视频信息，进行学习，提升广大农民、农村科普工作者以及涉农工作人员的科学素质，进而加快广大农村地区的农业现代化发展进程。

第二章
萝卜生产对栽培环境的要求

一、对产地的要求

萝卜生产对有毒、有害物质的监控应从土地贯穿到餐桌，这个过程包括萝卜栽培环境有害物质控制，萝卜生产技术控制，土壤微环境无害化控制和白色污染控制，以及采收、包装、运输过程中的有害物质控制。优质生产可使萝卜产品在商品品质、营养品质、风味品质等方面获得正常甚至超常表现，保障萝卜商品性的优良，提升萝卜的市场核心竞争力。萝卜优质生产对产地栽培环境的要求体现在以下几个方面。

（一）产地选择

萝卜生产基地应远离工矿区、废水排放区、医院和生活污染源、交通要道等。同时，要选择地势平坦、灌溉方便，水源清洁无污染，土壤肥沃疏松，通气性好，2～3年内未种过十字花科蔬菜，土壤中有害物质不超标的沙壤土。具体环境指标如表2-1。

表 2-1 萝卜生产产地环境指标

项 目	指 标（米）
距离高速公路、国道	≥1 000
距离地方主干道	≥800
距离医院、生活污染源	≥3 000
距离工矿企业	≥2 000

（二）土壤环境质量标准

土壤是萝卜生长发育的基础。除作为芽菜栽培的萝卜芽用无土栽培外，萝卜生长发育所需的水分、养分甚至空气等生长因子都要通过土壤提供；而根际温度、湿度等条件又受到土壤的制约。

萝卜对土壤的总的要求是：土壤肥沃、保肥保水、土层深厚、疏松透气、沙壤为宜。因此，萝卜优质生产要求栽培地土壤富含有机质、土层深厚、疏松、以沙壤土为佳，无工业废渣、废水和城市生活垃圾污染，无明显缺素、前茬作物病虫害残留等。土壤环境质量标准如表 2-2。

表 2-2 土壤环境质量标准

项 目 （单位：毫克/千克）	指 标		
	pH 值＜6.5	pH 值 6.5～7.5	pH 值＞7.5
总　汞	≤0.3	≤0.5	≤1.0
总　砷	≤40	≤30	≤25
铅	≤100	≤150	≤150
镉	≤0.3	≤0.3	≤0.6
铬（六价）	≤150	≤200	≤250
六六六	≤0.5	≤0.5	≤0.5
滴滴涕	≤0.5	≤0.5	≤0.5

（三）灌溉水质量标准

灌溉用水要求不含各种有毒物质，最好能达到人、畜饮用水标准。因此，萝卜灌溉用水优先选择未污染的地下水或地表水，水质符合《农田灌溉水质标准》（GB5084—92）（表2-3）。

表2-3　农田灌溉水质量标准

项　目（毫克/升）	指　标
氯化物	≤ 250
氰化物	≤ 0.5
氟化物	≤ 3.0
总　汞	≤ 0.001
砷	≤ 0.05
铅	≤ 0.1
镉	≤ 0.005
铬（六价）	≤ 0.1
石油类	≤ 1.0
pH	5.5～8.5

（四）空气环境质量标准

空气污染也会对萝卜生产造成很大危害。危害较大的污染物有二氧化硫、氟化氢、氯气、光化学烟雾和无烟粉尘等。这些污染物有时表现为急性危害，在叶片上产生大量斑点，严重时叶片枯死，甚至坏死脱落，造成严重减产；有时表现为慢性危害，即在污染物浓度较低时，表现出轻微伤害；也有的伤害是隐性的，从植株外部和生长发育上看不出明显的危害症状，但植株的生理代谢受到影响，且有害物质在植株体内逐渐积累，影响产量及品质。

萝卜生产对空气的要求：基地周围不得有大气污染源；不得有有害气体排放，周边生产生活用的燃煤锅炉需要有除尘、除硫装置；空气质量要求符合绿色食品大气环境质量标准；空气质量评价采用国家空气环境质量标准 GB3095—1996 所列的一级标准（表 2-4）。

表 2-4　农田（菜田）空气环境质量标准

项　目	指　标	
	日平均	1 小时平均
总悬浮颗粒物（标准状态），毫克 / 米 ^{3}	≤ 0.30	—
二氧化硫（标准状态），毫克 / 米 ^{3}	≤ 0.15	≤ 0.50
氮氧化物（标准状态），毫克 / 米 ^{3}	≤ 0.10	≤ 0.15
氟化物，毫克 /（分米 ^{2}·天）	≤ 5.0	—
铅（标准状态），毫克 / 米 ^{3}	≤ 1.5	—

二、对生态环境的要求

（一）温　度

萝卜原产于温带，为半耐寒性植物，种子在 2℃～3℃就可以发芽，适温为 20℃～25℃。幼苗期能耐 25℃左右的较高温，也能耐 -3℃～-2℃的低温。萝卜叶丛生长的温度范围比肉质根生长的温度范围广，为 5℃～25℃，生长适温为 15℃～20℃；而肉质根生长的温度范围为 6℃～20℃，适宜温度为 13℃～18℃。所以，萝卜营养生长的温度以由高到低为好，前期温度高，出苗快，可形成繁茂的叶丛，为肉质根的生长建立基础。之后温度逐渐降低，有利于光合产物的积累，当温度降低到6℃以下时，生长则变得很慢，肉质根膨大逐渐停止，即至采收期。当温度低于-2℃时，肉质根就会受冻。此外，不同的品种类型，适应的温度范围并不一样，如四季萝卜与夏秋萝卜，肉质根生长能适应的范围较广，跨度约为25℃；还有的品种耐热性较强一些。根据这个规律，我们就可以将不同类型的品种，安排在不同的季节中栽培，以达到周年栽培，全年均衡供应的目的。

萝卜是低温感应的蔬菜，在种子萌动、幼苗生长、肉质根生长及贮藏期等阶段都可完成春化作用，其温度范围因品种而异。根据李鸿渐、李圣萱分别于1956—1957年及1964年的研究证明，中国萝卜的品种完成春化所需的温度范围为1℃～24.6℃。在1℃～5℃的较低温度下春化完成得快，而在较高温度下则慢。1980—1981年，李鸿渐等进行的萝卜品种春播试验表明，萝卜每个品种完成春化所需低温的情况，与该品种所在地的环境有关。例如，广东的火车头、南京的穿心红及天津的早红萝卜，随所在地纬度的增高，其春播后现蕾所需的日数增多，即冬性增强。另外，随品种所在地海拔高度的提高或栽培季节越冷凉等，萝卜的冬性都有增强的趋势。

（二）光　　照

萝卜同其他根菜作物一样，需要充足的光照。光照充足，植株健壮，光合作用强，物质积累多，肉质根膨大快，产量高。如果在光照不足的地方栽培萝卜，或株行距过小，杂草过多，植株得不到充足的阳光，那么萝卜碳水化合物的制造和积累少，肉质根膨大慢，产量就会降低，品种也差。

萝卜的光周期效应属长日照植物。完成春化的植株，在长日照（12小时以上）及较高的温度条件下，花芽分化、现蕾、抽薹都较快。因此，萝卜春播时容易发生"先期抽薹"现象，而在秋季栽培时，此现象则有利于肉质根的形成。

（三）水　　分

适于萝卜肉质根生长的土壤相对含水量为 65%～80%，空气相对湿度为 80%～90%。但是土壤水分也不能过多，否则土壤中空气稀少，不利于根的生长和对肥水的吸收，而且易造成肉质根表皮粗糙，根痕处生出不规则突起，影响品质。土壤过于干燥，气候炎热，会使肉质根的辣味增强，品质不良。在肉质根膨大时期，如果水分供应不均，则会发生裂根的现象。

（四）土　　壤

萝卜适宜在富含腐殖质、土层深厚、排水良好的沙质壤土中栽培，轻黏质壤土仅适合肉质根生长，如北京的露八分萝卜品种栽培，如北京的露八分萝卜等。耕层过浅也会影响肉质根正常生长，易产生畸形根。对腐殖质缺乏的土壤，应施用有机肥进行土壤改良。土壤的适宜 pH 值为 6～7。四季萝卜对土壤酸碱度的适应性较广，pH 值在 5～8 之间均可。

另外，萝卜对营养元素的吸收量，以钾最多，氮、磷次之。萝卜植株在各个生长发育时期对元素的吸收量，以肉质根生长盛期吸收量最大，尤其对磷、钾肥的吸收量和增长率最快。因此，对萝卜的施肥，不宜偏施氮肥，应该注重磷、钾肥的施用，以保证萝卜的正常生长发育。

三、对生产操作的要求

萝卜生产可遵循的标准有：无公害蔬菜标准、绿色蔬菜标准、有机蔬菜标准。

（一）无公害蔬菜标准

所谓无公害蔬菜是指蔬菜中有害物质（如农药残留、重金属、亚硝酸盐等）的含量，控制在国家规定的允许范围内，人们食用后对健康不造成危害的蔬菜。严格来说，无公害是蔬菜的一种基本要求，普通蔬菜都应达到这一要求。

无公害标准认证机构是各省、自治区、直辖市农业厅和国家农业部，产品达到中国普通蔬菜质量水平，是配合农业部无公害食品行动计划而制定的系列标准。这些标准有农产品质量安全体系标准、农产品质量安全监督检测体系、农产品安全认证体系、农业技术推广体系、农产品质量安全执法体系及农产品质量安全信息体系六大体系。强制标准有 NY/T 5083—2002《无公害食品　萝卜生产技术规程》等，行业标准有 NY/T 2798.3—2015《无公害农产品　生产质量安全控制技术规范》等。

（二）绿色蔬菜标准

绿色蔬菜是我国农业部门推广的认证蔬菜，分为 A 级和 AA 级两种。从本质上说，绿色蔬菜是从普通蔬菜向有机蔬菜发展的一种过渡性产品。

A 级绿色食品：产地环境符合 NY/T 391—2013 的要求，遵照绿色食品生产标准生产，生产过程中遵循自然规律和生态学原理，协调种植业和养殖业的平衡，限量使用限定的化学合成生产资料，产品质量符合绿色食品产品标准，经专门机构许可使用绿色食品标志的产品。

AA 级绿色食品：产地环境符合 NY/T 391—2013 的要求，遵照绿色食品生产标准生产，生产过程中遵循自然规律和生态学原理，协调种植业和养殖业的平衡，不使用化学合成的肥料、农药、兽药、渔药、添加剂等物质，产品质量符合绿色食品产品标准，经专门机构许可使用绿色食品标志的产品。

绿色食品标准包括产地环境质量标准、生产技术标准、产品质量和卫生标准、包装标准、贮藏和运输标准以及其他相关标准，它们构成了绿色食品完整的质量控制标准体系。绿色食品的开发管理体系有：严密的质量标准体系、全程质量控制措施、网络化的组织系统及规范化的管理方式。产品质量达到发达国家普通食品质量标准，由农业部管理、颁发绿色食品商标。

（三）有机蔬菜标准

有机蔬菜指在生产过程中不使用化学合成的农药、肥料、除草剂和植物生长调节剂等物质，以及基因工程生物及其产物，而是遵循自然规律和生态学原理，采取一系列可持续发展的农业技术，协调种植平衡，保持农业生态系统的持续稳定，且经过有机认证机构鉴定认可，并颁发有机证书的萝卜产品。有机蔬菜生产与无公害生产和绿色市场的根本不同，在于病虫害的防治和肥料使用的差异上，其要求比较高。

有机蔬菜标准是国家环保总局（现为环境保护部）根据国际有机农业运动联合会（简称 IFOAM）有机生产和加工的基本标准，参照欧盟有机农业生产规定（EEC No.2092/91）及德国、瑞典、英国、美国、澳大利亚、新西兰等国家的有机农业协会和组织的标准和规定，结合我国农业生产和食品行业的有关标准制定的。有机食品认证标准由国家环保总局颁证，产品达到生产国或销售国普通食品质量水平。

第三章
萝卜的生长和发育

一、植物学特征

（一）根

萝卜的根系属直根系，是深根性的，一般小型萝卜的主根深 60～150 厘米，大型萝卜的主根深达 180 厘米，主要根群分布在 20～45 厘米的耕层中，有较强的吸收能力。

萝卜的食用器官称为肉质根。蔬菜栽培学上，将萝卜的肉质根分为根头、根颈和真根三部分。根头即短缩茎，其上着生芽和叶，当子叶下轴和主根上部膨大时也随着增大（个别带细颈的品种，根头部分膨大不明显），并保留着叶片脱落的痕迹。根颈即子叶下轴发育的部分，表面光滑，没有侧根。真根由胚根发育而来，其上着生两列侧根，上部膨大，参与萝卜产品器官的形成。

萝卜肉质根的形状、大小、色泽等，因品种不同而异。根形有圆球形、扁圆形、圆锥形、圆柱形、纺锤形等；根的大小差异很大，小者如樱桃萝卜，其单株根重只有几克或十几克，大的则可达 5 千克以上；肉质根的表皮颜色有绿、白、红、黑等色，皮色是由周皮层内的色素决定的，周皮层的细胞含有花青素的，即呈现红皮或紫皮，含有叶绿素的，即为绿皮，不含色素的为白皮。肉质根的肉色多为白色，还有绿、紫绿、红、紫红等色，肉色的表现取决于萝卜肉质根的木质部薄壁细胞组织内是否含有花青素或叶绿素；肉质根的入土状态有露身型（肉质根 2/3 以上露出地面，俗称露八分）、隐身型（肉质根全部在土中，俗称贼不偷）、半隐身型（介于隐身型和露身型之间），因此肉质根的皮和肉色也有上下不一致的类型，如上绿下白、上红下白、上紫下白等。

（二）茎、叶

萝卜的茎在营养生长期内短缩，节间密集，叶片簇生其上。植株通过阶段发育后，在适宜的温度、光照等条件下由顶芽抽生伸长成为花茎，高 100～120 厘米，称为主枝，主枝叶腋间发生侧枝，主、侧枝上都直接着生花。

萝卜的叶在营养生长时期丛生于短缩茎上。叶的形状、大小、色泽与叶丛伸展的方式等因品种而异。萝卜有子叶 2 片，肾形；第一对真叶为匙形，称"初生叶"；以后在营养生长期内长出的叶子统称"莲座叶"。叶形有板叶、半裂叶和羽状裂叶，叶色有深绿、绿、淡绿之别，叶柄和叶脉也有绿、红、紫等色，叶片和叶柄上多有茸毛。叶丛伸展有直立、半直立、平展等方式，直立型的品种较适合密植，平展型的品种不宜种植太密。

（三）花、果实、种子

萝卜为完全花，复总状花序。花有萼片 4 枚，绿色；花瓣 4 枚，排列呈十字形；雄蕊 6 枚，4 长 2 短，基部有蜜腺，雌蕊位于花的中央。花色有白、粉红、淡紫等色，一般白皮萝卜的花多为白色，青萝卜的花多为紫色，而红萝卜的花多为白色或淡紫色，主枝上花先开，由下而上逐渐开放，随后上部的侧枝先开花，渐及下部的侧枝。

果实为长角果，种子着生在果荚内，果实成熟后不开裂，每一个荚果中有种子3～10粒。主枝上的花一般坐荚率较高，分枝的坐荚率依次降低。种子为不规则的圆球形，种皮浅黄色至暗褐色，一般肉质根为白色或绿色的品种，种皮色泽较深，红色品种的种皮色泽较淡。种子千粒重7～15克，但主枝及一级侧枝上种子千粒重较高。种子发芽力可保持3～5年，但生产上宜用1～2年的新鲜种子。

二、生长与发育

（一）生育周期

萝卜的生育周期分为营养生长和生殖生长两大阶段。在这两个阶段中，又各划分出几个分期。生育阶段的客观划分，为制定科学的分期管理计划提供了依据。

1. 营养生长时期　该期是指从播种后种子萌动、发芽、出苗到形成肥大的肉质根的整个过程。根据萝卜生长特点的变化，这个过程又细分为发芽期、幼苗期和肉质根生长期。

（1）发芽期　由种子萌动到第一片真叶显露为发芽期。种子萌发和子叶出土主要靠种子内储藏的养分和外界适宜的温度、湿度、水分、空气等环境条件。种子的质量、种子的贮藏条件和贮藏年限等，都会影响种子发芽率及幼苗生长。发芽期需要较高的土壤湿度和25℃左右的气温，在这样的条件下种子播下后3天左右即可出苗。此期对肥料的吸收量很小，应着重抓好精细整地、播种、浇水等工作；适时间苗；预防低温冷害或高温干旱引起的病害；雨后要及时排水，防止涝害等。

（2）**幼苗期**　第一片真叶显露到"大破肚"的这段时期为幼苗期。"破肚"是先由下胚轴的皮层在近地面处开裂，这时称"小破肚"，此后皮层继续向上开裂，数日后皮层完全裂开，这时称为"大破肚"。"破肚"为肉质根开始膨大的标志。这个时期有7～9片真叶展开，需时15～20天。

幼苗期的幼苗叶不断地展开和生长，苗端分化莲座叶，根系加快纵向和横向的生长，但以纵向生长为主。此期是幼苗迅速生长的时期，要求充足的营养、良好的光照和土壤条件，植株对氮、磷、钾的吸收量，以氮最多，钾次之，磷最少。为促进叶器官的分化和生长，要及时间苗，中耕，在5～6片真叶期定苗，追施速效肥并配合浇水，以促进苗齐、苗壮。

（3）**肉质根生长前期**　即由"大破肚"到"露肩"的时期。萝卜在"大破肚"之后，随着叶的增长，肉质根不断膨大，根肩渐粗于顶部，称为"露肩"，此期一般需20～30天。在这个生长阶段，叶丛旺盛生长，莲座叶的第一个叶环完全展开，并陆续分化出第二、第三个叶环的幼叶，叶面积迅速扩大，同化产物增加，根系吸收水、肥能力增强，植株的生长量比幼苗期大大增加，肉质根迅速伸长和膨大。萝卜地上部生长量超过地下部。

此期根系对氮、磷的吸收量比幼苗期增加了3倍，钾增加了6倍，在管理上，要注意肥水适当，以促进叶片生长。第二叶环的叶片全部展开后，要适当控制浇水，以避免叶片生长过旺，而使肉质根膨大盛期过早到来。

（4）**肉质根生长盛期**　由"露肩"到采收，这个阶段为肉质根迅速生长的时期。肉质根迅速膨大，叶丛继续生长，但生长速度逐渐减慢至稳定状态。大量的同化产物运输到肉质根内贮藏，因而肉质根迅速生长，地上叶部和地下根部逐渐达到平衡，此后肉质根生长迅速超过地上部。到收获时，叶的重量仅及肉质根重量的 1/5～1/2。

此期是肉质根形成的重要时期，应加强田间管理。土壤中要有大量的肥水供应，在肉质根充分生长的后期，仍应适当浇水，保持土壤湿润，以免干燥引起萝卜空心；同时，要注意喷药防治蚜虫及霜霉病、黑腐病等病虫害。

从萝卜的营养生长过程可以看出，茎叶的生长和肉质根的膨大具有一定的顺序性和相关性，即最初是吸收根的生长比叶的生长快，而后转变为同化器官和肉质根同时生长，最后则主要为贮藏器官——肉质根的生长。这一变化规律，为制定栽培技术措施提供了依据。生长前期要促进叶片和根的迅速生长，当营养生长到一定程度的时候，就要控制它的生长，使养分往贮藏器官转移，这样肉质根才能充分膨大。在肉质根迅速膨大时期，既要叶片缓慢生长，又要延长叶片的寿命和生活力，保持其比较高的光合能力，把制造的养分往肉质根中运输储藏，以达到丰产的目的。

2. **生殖生长时期**　从营养生长过渡到生殖生长，2 年生的萝卜品种在北方寒冷地区，要经过冬季的一段低温贮藏期，室温保持在 2℃～3℃为宜，翌年春土地化冻后将其定植于田间；南方温暖地区，萝卜在冬初收获后即可将种株栽于田间越冬，到春暖后即可抽薹开花结实。1 年生栽培的某些早熟品种，春播后当年就可现蕾、抽薹、开花、结实，完成其生命周期。根据对成株采种种株各器官生育动态的研究，可将生殖生长划分为以下 4 个分期。

（1）**孕蕾期**　从种株定植到花薹（即主茎）开始伸长的这段时间为孕蕾期，也可称为返青期。在适宜的条件下，该期 20 天左右。此期种株主要是发根，在冬前分化 7～8 片莲座叶，花茎生长缓慢，花蕾分化迅速。

（2）**抽薹期**　从种株花茎开始伸长到开花前的这段时间为抽薹期，一般需 10 天左右。这个时期花薹生长迅速，莲座叶和茎生叶生长速度也快；在主茎生长的同时，一次分枝也开始伸长。

（3）**开花期** 从种株开始开花到中上部的花凋谢的这段时间为开花期，一般需 20 天左右。该期种株的生育中心是开花，花薹和茎生叶也生长迅速。种株生殖生长期内的叶面积在此期结束时达最大值。

（4）**结荚期** 从种株中上部的花凋谢到大部分果荚变黄、种子成熟的这段时间为结荚期，一般需 30～40 天。在此期内生育中心是果荚，种株的主茎和侧枝增长减缓并渐趋停止，叶片衰败并开始脱落。

不同类型、不同熟期的品种，其生育周期有一定的差异性。萝卜在整个生长发育过程中，其形态、结构的发生、建成及其生理功能的表现存在着阶段性差异和一定的连续性，根据其生长规律，在各个时期采用相应的栽培管理措施，将会更有效地达到优质生产的目的。

（二）各阶段发育特性

萝卜原产于温带，为半耐寒性 2 年生植物。在阶段发育中，需接受低温处理完成春化作用，苗端由营养苗端转为生殖顶端，然后在长日照和较高的温度条件下，萝卜抽薹、开花、结籽，完成一个生育周期。

1. **春化阶段** 萝卜是低温感应型蔬菜，属种子春化型，其萌动的种子在发芽期或在幼苗期、肉质根生长期、贮藏期都可以接受低温影响而通过春化阶段。不同类型的品种，低温感应的温度范围有显著差异。据李鸿渐、李盛萱分别于 1956—1957 年及 1964 年的研究证明，中国栽培的萝卜品种（包括肉质根大、中、小各种类型），完成春化阶段所需的温度范围为 1℃～24.6℃；在 1℃～5℃较低的温度条件下，其春化阶段完成得快，而在温度较高的条件下，则所需时间较长。

根据李鸿渐、汪隆植在 1980—1981 年对萝卜不同品种的春化处理、春播试验的结果，不同类型的品种完成春化阶段所需要的温度范围和时间有较大差异，以此为依据，可将萝卜品种划分为春性系统、弱冬性系统、冬性系统和强冬性系统 4 种类型。通过对试验材料的分析证明，不同萝卜品种通过春化阶段所需低温处理的温度范围和处理时间的长短，即品种冬性的强弱，与该品种长期栽培地的环境条件有关。例如，广东的火车头、南京的穿心红及天津的早红萝卜，随所在地纬度的升高，春播后到现蕾所需要的日数会增多，即冬性增强。另外，品种的冬性还有随栽培地海拔的升高和栽培季节气候转凉而增强的趋势。

2. 光照阶段　萝卜的光周期效应属长日照植物。完成春化阶段的萝卜种株，在长日照（12 小时以上）及较高的温度条件下，花芽分化和花薹抽生较快。据观察，秋冬萝卜品种在黄淮海地区于 8 月上中旬播种后，一般于 9 月下旬其苗端由营养苗端转化为生殖顶端，停止了叶的分化而转为花芽分化；之后随日照缩短和温度日趋降低，生殖顶端处于半休眠状态。此时，萝卜叶片制造的大量同化产物向肉质根运输，促成了肉质根的迅速膨大。广东的火车头等品种，在山东 8 月上旬播种后，多数植株会于 10 月上中旬抽薹开花，可见这类春性系统的品种在其发育阶段中对低温和长日照的要求并不严格。

第四章
萝卜生产技术

萝卜的栽培技术是根据萝卜在长期进化过程中形成的对温度、光照、水分、矿物元素和土壤条件等外界环境的基本要求所提出的最适合其生长,提高其产量和品质的种植方法。萝卜的优质生产就是将传统的种植方法和产品质量标准相结合,制定生产技术规程,以期达到高产、低能、无害的目的,生产出更安全、优质的萝卜产品。

一、栽培季节

(一)栽培季节安排原则

根据萝卜生长发育期对温度的不同要求,按照当地的气候条件选择最适宜萝卜生长,尤其是适于肉质根膨大的时期种植萝卜,可达到高产、优质的目的。萝卜为半耐寒性蔬菜,种子在2℃~3℃时就可以发芽,适温为20℃~25℃,幼苗期能耐25℃左右的较高温度,也能耐 -3℃~-2℃的低温。这是安排种植季节的主要依据。萝卜叶丛(地上部)生长的温度范围比肉质根

（地下部）生长的温度范围要广些，为5℃～25℃，生长适温为15℃～20℃；肉质根生长的温度范围为6℃～20℃，适宜温度为18℃～20℃。所以，萝卜营养生长期的温度以由高到低为好。前期温度高，出苗快，形成繁茂的叶丛，可为肉质根的生长奠定基础；此后温度逐渐降低，有利于光合产物在肉质根内的积累和储存。当温度降低到6℃以下时，植株生长减缓，肉质根膨大渐趋停止，即至采收期。当温度持续在–1℃以下时，肉质根就会受冻。不同类型的品种，能适应的温度范围有差异。根据这些规律，我们就可以根据市场的需要将不同类型的品种安排在不同季节和不同地区栽培，创造适宜的栽培条件，以达到周年生产供应的目的。

（二）栽培季节的安排

栽培者要按照市场的需要及其各品种的生物学特性，选择适宜播期，创造适宜的栽培条件，尽量把生长期安排在适宜生长的季节，以期达到高产优质的目的。我国幅员辽阔，从寒温带至热带都有萝卜栽培。就露地栽培而言，长江流域以南，华南地区四季均可栽培；北方大部分地区春、夏、秋三季均可种植；东北北部1年只能种1季。近年来，随着保护地栽培的发展，大棚、小棚和地膜覆盖的栽培模式，使华北地区也可以周年栽培萝卜。但在几个栽培季节中，秋冬萝卜为我国萝卜栽培的主要茬口，其种植面积大，适宜栽培的品种多，且产量高，品质好，供应期长；其他季节生产则主要用于调节市场的供应。根据播种到收获的季节跨度，按栽培季节可将萝卜分为：春夏萝卜、夏秋萝卜、秋冬萝卜、冬春萝卜和四季萝卜。

（三）栽培区域的划分与生产安排

我国幅员辽阔，生态环境复杂，根据自然地理和气候条件等特点，可将萝卜生产划分为以下 6 个栽培区域。

1. 黄淮海地区 黄淮海地区包括山东、山西、河南、河北四省，北京和天津两市，以及江苏、安徽两省北部。此地区气候特点是四季分明，冬冷夏热，春暖秋凉。全年最高气温在 7 月份，最低气温在 1 月份，全年降雨多集中在 7～8 月份，9 月份以后降雨减少，气温逐渐降低，且晴天日照多，适于萝卜肉质根的生长。全年平均温度中，山东、河南、安徽、江苏较高，在 11℃～16℃。无霜期除河北和山西北部在 80～90 天，其他地区无霜期都在 180 天以上。

本地区萝卜栽培历史悠久，品种资源丰富，各省（直辖市）不同地区都有适合当地种植的类型和品种。山东、河南两省主要为秋冬萝卜类型，资源丰富，品种多样。萝卜品种多为短而粗的绿皮萝卜，其次是红皮和白皮萝卜，还有少数紫皮萝卜，多数品种比较耐寒和耐旱，但耐热性稍差；江苏和安徽两省以耐热、抗病品种为主，主要为红皮和白皮萝卜，少量绿皮品种；山西省的萝卜品种资源主要以春夏萝卜为主，也有白皮及绿皮秋冬萝卜；河北省主要是白皮的秋冬萝卜；北京、天津两市以绿皮秋冬萝卜为主。由于本地区秋季阳光充足，昼夜温差大，气候凉爽，有利于肉质根生长，所以生产出的萝卜个大，水分含量相对较少，而淀粉、糖分含量较高。尤其是一些水果萝卜，像山东济南的青圆脆、潍坊的潍县青、北京的心里美、天津的卫青等，都是有名的生食萝卜，色美、质脆、味甜。高产、优质、适于熟食和加工的绿皮萝卜品种也很多，代表品种有露八分、翘头青、大青皮、鲁萝卜 4 号、丰光一代、丰翘一代等；红皮萝卜品种有大红袍、中秋红、灯笼红、农大红等。白皮萝卜有象牙白、美浓早生、石白、丰玉一代等。此外，还有春季播种的红皮春夏萝卜，主要品种有春红一号、大连小五缨、北京五缨萝卜、天津娃娃脸等。黄淮海地区萝卜栽培及供应季节见表 4-1。

表 4-1　黄淮海地区萝卜栽培及供应季节

萝卜类型	播种期（月/旬）	采收供应期（月/旬）	栽培方式
春夏萝卜	2/下～3/上	4/下～5/上	风障前播种加盖草苫
春夏萝卜	3/下～4/上	5/中～6/上	露地或覆盖地膜栽培
夏秋萝卜	6/下～7/上	8/中～9/下	露地或加盖遮阳网
秋冬萝卜	7/下～8/中	10/中～11/中	露　地
冬春萝卜	1/下～2/中	4/上～4/下	大棚内加小拱棚
冬春萝卜	2/上～3/上	4/中～5/中	中小拱棚加地膜覆盖

2. 东北地区　本地区包括黑龙江、吉林、辽宁三省和内蒙古自治区大部，其特点是地形差异较大，山地和丘陵较多，气候寒冷。由于气候、地势的差异，土壤类型较多。黑龙江、吉林两省的松嫩平原及内蒙古北部以黑土为主，土壤有机质含量丰富，保水、保肥力强，很适合萝卜生长；内蒙古的河套平原以灰钙或灌淤土为主，是萝卜种植的主要土壤；辽东半岛低山丘陵地区、黑龙江北部大兴安岭以及吉林东部长白山一带，以棕壤土为主，土壤肥沃，适合萝卜生长。

萝卜一直是东北地区主要蔬菜之一，过去多是在秋冬季节种一茬，冬季贮存或加工。食用方法以炒食、腌渍及泡菜为主，品种多以当地地方品种为主，如王兆红大萝卜、辽阳大红袍、丹东青等。皮色以红皮、绿皮为主，肉质根近圆形或圆锥形，肉质致密，含水量适中。萝卜营养丰富，具有特殊的食疗作用，随着蔬菜科研与生产水平逐年提高，萝卜新品种也在不断被应用到生产中，如耐抽薹的春季栽培品种、耐热的夏季栽培品种等。目前萝卜露地栽培和设施栽培相结合，再加上冬贮萝卜，使得市场一年四季均有萝卜供应。东北地区萝卜栽培及供应季节见表 4-2。

表 4-2 东北地区萝卜栽培及供应季节

萝卜类型	播种期（月/旬）	采收供应期（月/旬）	栽培方式
春夏萝卜	2/中～3/上	4/中～5/上	日光温室
春夏萝卜	3/中～4/下	5/上～6/中	小拱棚
春夏萝卜	5/上～5/中	6/下～7/中	露 地
夏秋萝卜	6/中～6/下	8/下～9/上	露 地
秋冬萝卜	7/上～7/中	10/上～10/中	露 地

3. 西北地区 西北地区包括陕西、甘肃、青海、宁夏回族自治区、新疆维吾尔自治区5个省（自治区），以及内蒙古自治区西部地区。本地区的特点是地域辽阔，地形复杂，自然气候条件差异大，生态条件各不相同。萝卜在本区蔬菜供应中占有重要地位，是栽培的主要蔬菜之一。

陕西省的陕北地区，气候寒冷，干旱，萝卜生长期短，在河谷平川有灌溉条件的地区，萝卜种植基本是一年一茬；无灌溉条件的平原地区，旱作栽培，1年只能种植1茬，冬春缺菜季节，萝卜主要靠贮存供应；关中平原土壤肥沃，水利条件好，灌溉方便，1年可种植2茬萝卜。该地区生产的萝卜以绿皮、白皮为主，肉质根圆柱形或长圆柱形，肉质致密，含水量适中，耐贮运。

甘肃省的大部分地区昼夜温差大，空气干燥，有利于萝卜生长，陇东、陇南1年可种植2茬萝卜，陇西大部分地区1年只能种植1茬萝卜。此外，由于气候比较寒冷，该地区冬春缺菜现象比较普遍。利用保护设施栽培萝卜，对于丰富冬春市场，增加花色品种等方面起到了一定的平衡作用。

萝卜是青海西宁种植的主要蔬菜之一，但1年也只能种1茬，在青海其他地区不适合种植萝卜。冬春季节萝卜消费以腌渍菜为主，花色品种单调，夏、秋季节萝卜消费以夏萝卜为主，上市集中。

宁夏的气候适宜萝卜生长，是主要种植蔬菜之一。生产的萝卜肉质根皮光肉细，品种优良，风味好。银川地区1年可种植2茬萝卜，春季种植小萝卜，秋季种植大、中型萝卜。该地区栽培面积大，设施栽培发展较快，加工企业初具规模，萝卜生产呈发展趋势。

新疆萝卜生产主要分布在乌鲁木齐、克拉玛依、喀什、石河子等大城市周边地区。近年来新疆在调整农业种植业结构中，夏秋萝卜的种植已成为蔬菜种植中的一大支柱产业。菜农在生产上避旺就淡，充分利用大棚和日光温室发展萝卜产业，拉长生产周期及延长供应期，大面积推广适销对路的萝卜新品种。西北地区萝卜栽培及供应季节见表4-3。

表4-3　西北地区萝卜栽培及供应季节

萝卜类型	播种期（月/旬）	采收供应期（月/旬）	栽培方式
春夏萝卜	1/上～1/中	4/上～4/下	大棚内套小拱棚
春夏萝卜	2/上～3/上	4/下～5/上	小拱棚加地膜覆盖
春夏萝卜	3/中～4/下	5/中～6/上	地膜覆盖
春夏萝卜	4/上～4/中	5/下～6/下	露　地
秋冬萝卜	5/上～8/中	8/下～11/上	露　地
冬春萝卜	10/下～12/上	翌年2/上～3/下	日光温室

4. 长江中下游地区　长江中下游地区包括湖北、湖南、江西、安徽、江苏、浙江、上海六省一市。整个地区属于暖温带和亚热带季风性湿润气候，雨量适中，四季分明。据统计，地区月平均温度最高是8月，为30.1℃，月平均温度最低是1月，为2℃，年平均温度为17.8℃，无霜期为230～300天，适于各类型萝卜品种的生产，也是我国萝卜品种比较集中的地区，每年萝卜生产的面积和产量都占全国的20%～30%。

根据长江中下游地区的气候特点，传统栽培萝卜分为三大季：春萝卜、夏秋萝卜、秋冬萝卜。春萝卜以种植生长期短、肉质根小的四季萝卜和晚秋种初春收或春播春收的品种为主。这个季节气候较冷凉、稳定，适宜肉质根膨大生长，生产的萝卜肉质根肉质细密，脆嫩，含水量适中，无辣味，采收供应期为4～5月份。夏、秋季节种植的萝卜品种要求耐热性较强，同时还要耐病抗虫；此茬萝卜肉质根膨大期正值高温雨季，生产的萝卜稍有辣味或苦味，适宜熟食和加工。在夏季利用简单的设施，如搭建防雨棚加遮阳网种植萝卜，可以降温防涝，使肉质根的生长处于一个相对适宜的环境，生产的萝卜质优味美。秋冬季节也是该地区萝卜种植的主要季节，栽培面积最大，品种类型最多，生产的萝卜肉质根大，品质好，产量高。长江中下游地区萝卜栽培及供应季节见表4-4。

表4-4　长江中下游地区萝卜栽培及供应季节

萝卜类型	播种期（月/旬）	采收供应期（月/旬）	栽培方式
秋冬萝卜	8/中下	10/中下～12月份	露　地
冬春萝卜	11月份～翌年1月份	3月份～4月份	大棚加小棚加地膜
春夏萝卜	3月份～4月份	5月份～6月份	露　地
夏秋萝卜	5月份～7月份	7月份～9月份	防雨棚加遮阳网
四季萝卜	10月份～12月份	12月份～翌年3月份	大棚栽培

5. 华南地区　华南地区包括广东、广西、海南、福建及台湾5个省（自治区）。该地区以丘陵为主，约占土地总面积的90%，平原仅占10%，丘陵、山地、平原交错分布，耕地多集中于平原、盆地和台地上，土壤pH值多在5～6。本区夏长冬暖，高温多雨，水、热资源丰富，除部分山区外，大部分地区全年无霜冻，无霜期300～365天，适合萝卜的生长发育。

萝卜在华南地区栽培历史悠久，可以周年生产均衡供应。选用耐热的早熟品种搭配冬性强的冬春品种，一年内萝卜可栽培4～5茬，是华南主要蔬菜之一。由于本区毗邻港澳，曾是我国港澳台地区及东南亚一代的蔬菜出口基地。华南地区种植品种丰富多样，品质优良，除熟食外，萝卜还可以加工成萝卜丝（干）、咸萝卜干、盐渍萝卜及酸萝卜等，外销到世界各地，成为华南地区创汇的主要蔬菜之一。本区每年11月份至翌年3月下旬，受北方冷空气的影响，常出现10℃以下的低温寒流，使冬春萝卜生长受阻，并通过春化作用，引起萝卜先期抽薹，导致其品质变劣甚至失去食用价值。因此，冬春萝卜栽培要注重选用耐寒、耐弱光、冬性强、不易抽薹的品种，适期播种，科学管理，克服先期抽薹现象。本区每年6～9月份炎热多雨，加之台风、暴雨出现频繁，常使夏秋萝卜大面积遭受涝害，损失较大，可通过选用抗热耐湿品种及推广遮阴栽培、高畦栽培等技术措施，克服夏季高温、暴雨所带来的不利影响，改善萝卜生产和供应的秋淡局面，实现周年均衡供应。华南地区萝卜栽培及供应季节见表4-5。

表 4-5 华南地区萝卜栽培及供应季节

萝卜类型	播种期（月/旬）	采收供应期（月/旬）	栽培方式
夏秋萝卜	4/下～8/下	6/中～10/中	露地或遮阳网
秋冬萝卜	8/上～10/下	10/上～12/下	露 地
冬春萝卜	8/下～翌年1/下	11/下～翌年4/上	露 地
四季萝卜	8/上～翌年2月份	9/上～翌年3月份	露 地

6. 西南地区 西南地区包括云南、贵州、四川、重庆、西藏自治区5个省（直辖市、自治区）。该地区地形复杂，高原、盆地、山地、丘陵、坝子等纵横交错，以山地为主，其次为丘陵。由于山地、丘陵面积大，因此大部分土壤属红壤和黄壤，土

层薄，肥力低。西南地区地处亚热带，雨水和云雾多，湿度大、日照少的亚热带山地气候特征显著。

西南地区复杂多样的自然生态条件，孕育了丰富的萝卜种质资源，既有大型品种又有小型品种。就肉质根形状来看，既有长圆柱形及短圆柱形，又有圆球形或扁圆形；根皮色有红、浅红、浅绿、半绿半白和白色等；肉色有绿、白、红或紫红等。品种来源可分为本地地方农家品种、地方选育品种及引进品种。由于云南东部一带气候四季如春，川西成都平原气候温暖，随着萝卜新品种的不断引进和栽培技术的提高，萝卜可以周年种植均衡供应；四川西南山地和贵州高原萝卜在春、夏、秋季均可栽培，且可露地越冬，因此一年内露地可栽培3茬以上。贵州高原夏季雨水较多，不利于萝卜的生长，给夏季栽培带来一定的困难，市场上的萝卜有较为明显的4～5月份春淡和9～10月份秋淡问题；四川西部高山峡谷高原冬季较寒冷，只能在夏、秋季生产萝卜。西藏大部分地区海拔高，温度低，昼夜温差大，萝卜栽培一般选用生育期长、冬性强的品种，以夏季播种、初冬收获的品种为主。华南地区萝卜栽培及供应季节见表4-6。

表4-6 西南地区萝卜栽培及供应季节

萝卜类型	播种期（月/旬）	采收供应期（月/旬）	栽培方式
春夏萝卜	1/下～2/中	3/中～4/中	露地
夏秋萝卜	5月～8/下	6/下～11/中	露地或遮阳网
秋冬萝卜	8/上～10/上	10/上～翌年1月份	露地
冬春萝卜	9/中～翌年2月份	12/下～翌年2/下	露地

（四）品种选用原则

品种的选用直接影响萝卜的生长以及产量、质量，是萝卜优质生产的关键。优良品种的特征特性应具有高度的一致性。选择萝卜品种，一是要根据市场对品种的需求结合当地的气候情况和播种地块的土壤条件来选择。如果播种地块的土层深厚而又疏松，可以播种肉质根入土较深的品种；如果土层较浅而且土质黏重，就应选择肉质根入土较浅的品种。二是要考虑到栽培的目的，如果栽培的目的是为了提早供应市场，就要选择耐寒或耐热的早熟品种，适期早播；如果栽培的目的是为了供应人们生食，就要选择优质的绿皮萝卜或心里美萝卜；如果栽培的目的是为了供应人们熟食，就要选择抗病、丰产、耐贮藏的品种；如果栽培的目的是为了作萝卜丝、腌渍、酱萝卜等加工用，就要选择肉质根紧实、含水量少的加工萝卜品种。三是应注意种子的纯度和质量，一般来说，品种选用应遵循以下原则。

1. **商品性好**　优质的萝卜品种，其产品应具备消费者所要求的优良商品性状，如外观、整齐度、色泽、风味和营养指标等。

2. **丰产性好**　在一定的管理和栽培条件下，应比同类型的普通品种获得更高的产量，一般要求比普通品种增产 10% 以上。

3. **抗逆性强**　优良萝卜品种必须比同类型普通品种具有更强的抗逆性，如春播要耐寒、耐抽薹，夏播要耐热、耐湿等，这是获得高产的基本保证。

4. **抗病性强**　抗病性强是优良品种要具备的一个重要特征。在集约化栽培强度大、土地使用过度频繁、连作障碍严重的情况下，抗病性强的萝卜品种可以保证产量和品质的相对稳定。

（五）土壤的选择及茬口安排

1. **土壤的选择**　土壤是萝卜生长发育的基础，除作为芽菜栽培的萝卜芽采用无土栽培外，萝卜生长发育所需的水分、养分、空气等因素要通过土壤提供；根际温度、湿度、微生物活动等也受到土壤的制约。萝卜对土壤总的要求是：土层深厚肥沃，耕作层在 27 厘米以上，pH 值 5～8，有机质含量在 1.5% 以上。因此，萝卜种植的地块以选择疏松透气的壤土或沙壤土为宜，这类土壤富有团粒结构，其保水、保肥能力和透气条件比较好；耕层温度稳定，有益微生物活跃，有利于萝卜的正常生长。这种产品肉质根表皮光洁，色泽好，品质优良。若将萝卜种在易积水的洼地，肉质根生长不良，皮粗糙；种在沙砾和白色污染比较多的地块，肉质根发育不良，易形成畸形根或杈根，商品性差。

2. 茬口安排　种植萝卜忌在同一块地上重复种植，即连作。一是由于萝卜对营养元素和矿物质的需求相似，连作时会引起土壤某些元素的缺乏和另一些元素的富集，导致营养成分不平衡，影响萝卜的正常生长。二是萝卜连作时，根系会分泌和积累一些有害物质，对有益微生物具有抑制作用，会破坏土壤微环境，引发病害发生。三是萝卜连作会使病原菌得以侵染循环，虫源难断，加重病虫害的危害。四是同属的蔬菜作物也存在有共同的病害和虫害，常常会互相侵染和危害。所以，在生产实践中，不但不同类型不同品种的萝卜忌连作，与同科同属作物（如大白菜、甘蓝、花椰菜等）也要避免连作。

蔬菜的茬口可分为生产季节茬口及土地利用茬口。生产季节茬口是指在一年中可能安排的蔬菜栽培的茬数；土地利用茬口是指根据自然、经济和生产条件，在固定的土地面积上一年种植一种或几种蔬菜的茬数。不管是季节茬口的安排还是土地利用茬口的安排都要因地制宜，合理利用自然气候条件；其次，要根据不同萝卜品种对温度、光照的要求，安排与气候相适应的生长期；再次要考虑前后茬作物的拮抗作用，前茬尽量不是同科同属作物，以防止病虫害流行；最后，要注意综合利用土壤肥力和矿物元素等。

适合萝卜栽培的前茬作物有：瓜类作物（西瓜、黄瓜、甜瓜等），葱蒜类作物，以及大田作物（小麦、玉米、水稻）等，由于瓜类作物的施肥量比较大，因而土壤比较肥沃。前茬为葱蒜类，后茬栽培萝卜，有明显抑制病虫害发生的效果；而且葱蒜类是浅根系蔬菜，对土壤养分吸收能力弱，也使得土壤比较肥沃。前茬为豆科作物，则有固氮作用，能使土壤肥力提高。这些蔬菜作物茬口，种植萝卜时有利于肉质根的生长发育，可提高萝卜产量和质量。小麦、玉米、水稻等作物作为前茬时，由于腾地早，有比较充足的时间晒垡、整地，可以防止和减轻萝卜病虫害的发生。

二、春夏萝卜生产

（一）栽培季节特点

春夏萝卜栽培是在春季气温升高后，不用保护设施在露地种植，到初夏收获的一种栽培方式。春夏萝卜对解决初夏蔬菜淡季供应有一定作用。在这个栽培季节，温度由低到高，日照时间由短到长，长江流域低温潮湿，北方地区低温干燥且气候不稳定，时有寒流侵袭。前期地温和气温较低，极易满足萝卜的春化要求；后期温度较高，又是长日照，符合萝卜生殖生长对温度和光照的要求。这茬萝卜的生产面积不大，但全国各地都有种植，一般生育期25～60天。在长江中下游的上海市、江苏省南京市、湖北省武汉市等地，萝卜于2～3月份播种，4～6月份收获。在黄淮海地区，萝卜于3～4月份播种，5月上旬至6月份收获。东北、西北和华北北部等高纬度、高海拔地区，萝卜于4～5月份播种，6～7月份收获。

（二）品种介绍

依据栽培季节特点，在品种选择上要选用冬性强、不易抽薹、生长前期耐低温、生育期较短、肉质根较小的速生品种。肉质根形状以圆柱形、短柱形、圆球形为主，皮色以白、红、淡绿色为主。我国幅员辽阔，种质资源丰富，饮食习惯各异，经自然选择和人工培育，各地都有适宜种植的品种。

1. **北京五缨萝卜** 北京郊区农家品种。叶丛直立，板叶，深绿色，叶柄紫红色。肉质根圆锥形，长8厘米，横径3厘米，外皮红色或稍浅，肉白色，脆嫩，品质好。单根重30～40克。早熟，耐寒。生长期约50天，较抗病。每667米^{2}产量约2 000千克。适于华北地区早春露地或保护地间作栽培。

2. **天津娃娃脸** 天津市郊区农家品种。叶丛半直立，板叶，绿色。肉质根呈圆锥形，长12厘米，横径4厘米，皮浅红色，肉白色。单根重约150克。肉质致密，脆嫩多汁，品质好，宜生食。早熟，耐寒，较抗病。生长期约50天。每667米^{2}产量约2 500千克。适于天津地区早春露地或保护地间作栽培。

3. **春红一号** 山西省农业科学院蔬菜研究所育成的杂交品种。叶丛半直立，板叶，叶色绿。肉质根长圆柱形，长13～15厘米，横径3～4厘米。单根重125克左右。皮色全红，肉质白色。表皮光滑美观，含水量适中，无辣味，稍有甜味，品质优良，播种至收获需45～50天，冬性较强，不易抽薹，耐糠，可延迟5～7天收获。每667米^{2}产量约2 000千克。气候温和的地区可排开播种，周年生产。

4. **丰美一代** 山西省农业科学院蔬菜研究所培育的杂交品种。耐寒、冬性强、不易抽薹、经济性状优良、商品性好。叶丛半直立，羽状裂叶，绿色，株高30～40厘米。肉质根圆柱形或近柱形，长30厘米左右，横径8～10厘米。单根重1～1.5千克。出土部分黄绿色，入土部分白色，肉质白色，含水量较多，肉质细密，脆嫩，生食适口性好，微辣或无辣味。生育期70天左右，早春露地栽培不易抽薹。每667米^{2}产量4 000千克左右。适于山西省及邻近地区种植。

5. 天正春玉一号　山东省农业科学院蔬菜研究所育成的杂种一代，为保护地栽培专用品种。叶丛直立，叶色浓绿。肉质根长圆柱形，顶部钝圆，长 30 厘米左右，横径 6.5 厘米。单根重 800 克左右，根叶比达 3.5。冬性极强，抽薹晚，生长期 60 天左右，前期生长速度快，可根据市场需要适当提前或延迟收获。本品种高产抗病，商品性好，早春种植每 667 米² 产量 4 000 千克左右。可生食、熟食，是补充早春淡季市场的优良品种。

6. 上海 40 日长白萝卜　肉质根圆柱形，皮、肉均白色，春播不易抽薹，早熟、耐热。在上海 3 月下旬播种，5 月上旬收获，秋季 8 月下旬播种，10 月上旬采收，生育期 40 天左右。每 667 米² 产量 750～1 250 千克。

7. 泡里红萝卜　南京郊区农家品种。肉质根为长圆锥形，长 10～13 厘米，横径约 5 厘米。单根重 125～250 克。根部 1/3 露出地面，皮为鲜红色，肉白色，汁多味甜，宜生食或煮食，板叶。在南京 3 月间播种的，4 月下旬至 5 月上旬收获，生长期 40～55 天；7 月上旬播种的，则播后 35 天可采收。每 667 米² 产量 1 000～1 250 千克。

8. 雪单一号　湖北省蔬菜科学研究所培育的杂交品种。早熟、耐抽薹。在长江流域 3 月中旬以后或高山菜区 5 月中旬以后播种不易发生先期抽薹。裂叶，叶簇半直立，叶色深绿。品质优，脆嫩多汁，肉质根皮色光滑洁白，辣味轻，不易糠心，长 25～30 厘米，横径 8～10 厘米。商品生育期 60 天左右。每 667 米² 产量 4 000 千克左右。

9. 春雪　武汉市蔬菜科学研究所培育的杂交品种。生长势强，适应性广，耐抽薹，适宜早春保护地和夏季高山栽培。叶簇较平展。肉质根长 30～35 厘米，横径 7～8 厘米。单根重 1～1.5 千克。皮白光滑，肉质细嫩，口感好，不易糠心，生育期 60～65 天。

10. 青研萝卜2号 青岛市农业科学研究所育成的杂交品种。叶簇半直立，羽状裂叶，叶色绿。肉质根长圆锥形，地上部绿略偏黄，地下部白，地上部约2/3。4月中下旬播种，60天左右收获。根长30厘米左右，横径7厘米左右。肉色浅绿，肉质略软，较甜，微辣，水分较多，品质较好。

11. 黑龙江五缨水萝卜 黑龙江省青冈县农家品种，主要分布在黑龙江省东部地区。叶丛直立，板叶，叶片长28厘米，宽8.3厘米，叶柄红色。肉质根圆柱形，长10厘米，横径3.5厘米，皮粉红色，肉为白色。平均单根重60克。中早熟品种，耐寒性强，耐贮性中等，耐旱、耐热性较弱。生长期50天。味微辣，口感脆嫩，含水量中等，适于鲜食。在哈尔滨地区4月中下旬播种，露地直播，株距10厘米，行距15厘米，6月上中旬收获。每667米^{2}产量约1530千克。

12. 大连小五缨 辽宁省大连市农家品种。叶丛半直立，板叶，全缘。叶片绿色，叶柄紫红色。肉质根短圆锥形，长15厘米，横径4厘米，外皮粉红色，顶部紫红色，肉白色。平均单根重约65克。适合春季栽培，早熟，从播种至收获45～50天。耐贮性弱，抗病性中等。口感脆嫩，水分较多，风味淡，品质较好，适于生食、熟食。大连地区一般3月中下旬播种，5月上中旬收获。每667米^{2}产量约1500千克。

13. 银川红棒子水萝卜 宁夏银川市农家品种。叶丛直立，板叶，叶缘浅裂，叶绿色，叶柄紫红色。肉质根长圆柱形，长17～18厘米，横径2.6～3.1厘米，全部入土。皮紫红色，肉质白色。单根重50～55克。早熟，播种至收获期天数为55～60天。适于早春大棚蒲苫覆盖栽培和露地栽培。

14. 甘肃水萝卜 农家品种，甘肃省大部分地区均有栽培，是早春最早供应市场的萝卜品种。叶丛半直立，板叶，浅绿色，主叶脉浅绿色。肉质根小，扁圆形，一般长2.5厘米，横径3.8

厘米，全部入土，皮、肉均白色。单根重 18～20 克。早熟，生长期 50 天左右。适应性强，抗寒，耐旱力弱。肉质松脆，含水量多，味淡不辣，品质中等，适于生食、熟食，易糠心。生长期间应保持土壤湿润，及时采收。每 667 米^2 产量 2 000 千克左右。

15. **成都小缨子枇杷缨** 四川省成都市农家品种。叶丛直立，叶长倒卵圆形，似枇杷叶，叶长 15～17 厘米，宽 6 厘米，叶面深绿色，叶柄及中肋紫红色，茸毛极多，叶缘有浅缺刻。肉质根长圆柱形，长 22～24 厘米，横径 2.5 厘米左右，皮深红色，肉白色。早熟，从播种至采收约 50 天。耐热，抗病，春播不易抽薹。质地紧密，细嫩，味甜，无辣味，主要供腌渍用。周年均可播种，但以 3 月下旬播种、5 月中旬收获，以及 7 月初播种、8 月中旬收获最好，是春夏栽培最多的品种。适宜沙壤土栽培，定苗时株距 13 厘米，行距 15 厘米。每 667 米^2 产量 1 000～1 500 千克。

16. **沪优 2 号白萝卜** 四川省农科院水稻高粱研究所育成。叶丛直立，花叶，叶表面有蜡质和茸毛，叶色深绿。肉质根圆球形，长 8.8 厘米，横径 7.6 厘米。单根重 0.5～0.8 千克，最大可达 1.5 千克。含水量中等，生食甜脆多汁，微辣。早熟，适于春播或秋播，播种至收获 60 天。一般每 667 米^2 产量 1 500～2 250 千克。

17. **沪优 4 号红萝卜** 四川省农业科学院水稻高粱研究所育成。叶丛直立，花叶，叶色淡绿，叶柄红色。肉质根短圆柱形，上部略细，根长约 10 厘米，横径 4.6 厘米。单根重 0.3 千克左右。肉白色，皮深红色，皮薄，质地致密，细嫩，稍有辣味，品质佳。中熟，不易糠心，较抗霜霉病及病毒病，适于四川、重庆等地秋、冬、春季种植，秋季为 9 月上旬播种，春季 1 月下旬播种。从播种至收获需 70 天。一般每 667 米^2 产量 1 600～2 000 千克。

18. **大棚大根** 由韩国引进，属春季晚抽薹品种。花叶，叶色深绿。肉质根长 26～34 厘米，横径 6～6.5 厘米。单根重 1～1.3 千克。肉质根皮白色，肉白色，根肩部有淡色绿晕。早春 70～75 天收获。肉质致密，味甜，不宜糠心，适于生食、制干、腌渍加工等，为多用途品种。适于春季保护地或露地栽培。

19. **早春大根** 由韩国引进，属春季晚抽薹品种。根部呈白色，直而美观，圆柱形，根长 40～45 厘米，横径 6～7 厘米。单株根重 1 千克左右。根部生长快，须根少，弯曲根少，播种后 60 天可收获，为高产品种。肉质致密，味甜，不易糠心，适于生食、制干、做汤菜、腌渍加工等，为多用途品种。抗病毒病及较抗其他病害。适于春季保护地或露地栽培。

20. **长春大根** 由韩国引进，属春季晚抽薹杂种一代。叶色浓绿，叶数少，叶丛直立。肉质根皮洁白光滑，长圆柱形，长 32～35 厘米，横径 7.5～8 厘米。单根重 0.9～1.1 千克。肉质根膨大快，产量高，适宜生食、制干、做汤、腌渍加工等。适于春季保护地或露地栽培。每 667 米^{2}产量可达 3 000～3 600 千克。

21. **早春美浓** 由韩国引进，属春季晚抽薹杂种一代。叶丛直立，叶色浓绿。肉质根皮洁白光滑，长圆柱形，长 45～60 厘米，横径 6.5～7 厘米，单根重 1～2 千克。抗病。适于生食、制干、做汤、腌渍加工等。适于春季保护地或露地栽培。

22. **白玉春** 韩国品种。植株叶丛直立，深绿色，叶上有刺毛，呈羽状深裂。肉质根长圆柱形，长 28～30 厘米，横径 8～9 厘米，单株重一般为 1～1.2 千克，表面光滑，根毛少。皮、肉均白色，肉细质脆，汁多味甜，口感好，不易糠心。生长期 55～60 天。生长速度快，适于早春露地和保护地种植。

（三）生产技术

1. **栽培环境的优化** 春夏萝卜除露地栽培模式外，还可以利用保护设施优化栽培环境，比如小拱棚或大棚栽培、地膜覆盖栽培等，其主要目的为提高温度，保温、保湿、防风沙，提早播种，提前上市，调节市场，增加收入。

（1）**大型拱棚（大棚）** 一般棚中高2～2.8米，侧边高1～1.2米，跨度7～20米，长40～60米。其优点是覆盖面积大，便于操作管理，适于机械耕作；通风好，光线充足，作物受光均匀，昼夜温差大。其缺点是不便于覆盖草苫等不透明覆盖物，保温效果差；棚体的稳定性也较差。大型拱棚在长江流域多用于冬春萝卜的生产，在黄淮海地区多用于春提早和秋延后栽培。

（2）**小拱棚** 高度一般为0.8～1米，跨度以1.5～2米为宜，在生产上多为成片建造，规模化生产。利用小拱棚进行萝卜的春提早栽培时，在黄淮海地区一般可于2月上旬播种四季萝卜和耐低温、弱光、晚抽薹的大、中型萝卜。根据萝卜的生长发育及栽培季节的需要，还可以在棚内进行地膜覆盖和棚外加草苫覆盖，以提高保温性能，扩大应用范围。小拱棚结构简单，容易建造，成本低，易管理，可根据栽培的需要随时扎拱，用完后及时拆除，已成为保护地萝卜生产应用中最为广泛的一种保护设施。

（3）**竹木结构的中拱棚** 一般跨度4米，中间高1.6米，肩高（即距棚两侧约0.5米处）1.1米，结构稳固。中拱棚是大拱棚与小拱棚之间的中间类型，既克服了小拱棚跨度小、高度矮、空间小、温度变化剧烈等缺点，也克服了大拱棚跨度大，抗风、抗雪性能不强的缺点。中拱棚除用于春提早、秋延后栽培外，还可用于遮阴越夏栽培。由于中拱棚建造成本相对较低，适用性强，故应用面积较大且呈现扩大的趋势。

（4）**地膜覆盖栽培** 此栽培模式在我国多用于早春蔬菜栽培。地膜覆盖栽培是利用塑料薄膜做覆盖材料，进行地面或近地面覆盖的一种栽培方式。其特点是：提高地温，保水保墒，免耕避草，促进栽培作物早熟、高产。试验证明，与传统的常规露地栽培相比，各种蔬菜采用地膜覆盖栽培可减少根系的裸露，促进根系的生长发育；保持土壤疏松不易板结；提高植株本身的抗逆能力，减少某些病、虫、干旱和雨涝等危害；每667米²产量平均增加30%左右。我国长江中下游地区冬春萝卜的生产多采用大棚加小棚加地膜覆盖的栽培模式，黄淮海地区、东北地区、西北地区春夏萝卜的生产，为提高地温、早播早收也多采用地膜覆盖栽培。地膜覆盖提高了地温且保水保摘，所以为早春萝卜的生长发育创造了有利条件。早春萝卜的播期较露地栽培可提早10天左右，收获期提前15天左右；生产的萝卜肉质根外观好，根正皮光；营养丰富，品质优良；含水量适中，肉质细，风味好；产量高，经济效益好。

地膜覆盖的方式主要有：平畦近地面地膜覆盖栽培，小高畦沟种地膜覆盖栽培，平畦地膜覆盖栽培。

①平畦近地面地膜覆盖栽培 一种操作简便、行之有效的栽培方式，普遍用种子撒播，没有严格行距、株距要求的蔬菜，如小白菜、小油菜、水萝卜、茴香、茼蒿及其他早春蔬菜等。北京郊区一般在2月下旬至3月上中旬露地直播，地膜覆盖时间为20～30天，4月中下旬收获上市。覆盖萝卜撒下来的地膜，还可挪到其他各种露地春播蔬菜上应用。具体做法是：土地平整后，挖出田间排灌水沟、渠后，按各地的耕作习惯，依据地膜的幅宽，划线做畦，做成畦埂高于栽培畦床面的平畦；在畦内施足基肥，并将肥料、畦土掺和均匀、搂平，划沟条播或撒播种子；用已准备好的过筛细土撒于床面把种子盖严，并浇足底水。为提高出苗率，可先浇底水，待水渗下后立即播种，再覆土盖严种子。随后，在每个畦上按33～67厘米的距离，横跨畦面并扦插竹竿起拱（中间略高于两边），床土面距离竹竿13～20厘米；把地膜铺盖在竹竿上，四边拉紧并埋入畦的四面畦埂上，使地膜不会因雨雪压垂至畦表面而影响幼苗正常生长。覆盖地膜时间的长短和通风炼苗管理，要依当地、当时的具体情况而定，覆膜时

间一般不超过 30 天。

②小高畦沟种地膜覆盖栽培 这是将畦面做成具有一定高度、宽度，横切面呈拱圆状的畦垄，在畦垄两侧开沟、播种、覆土，覆盖塑料地膜于畦垄的表面，进行萝卜生产的一种栽培方式。基本做法是：在完成深耕、平整土地、挖好排灌沟渠、施足基肥、浇好底墒水的基础上，做小高畦，畦高约 20 厘米，宽 90～110 厘米，在小高畦两侧离畦边约 15 厘米处的播种行位置，开两条深 6～8 厘米、宽 10 厘米左右的播种沟，于沟内按不同品种所要求的株距进行穴播，覆土 1～2 厘米，然后覆盖地膜。种子发芽出苗后可在沟内生长 7～10 天；当子叶完全展开后，要及时在播种部位打孔，放风炼苗，切勿未经炼苗就将幼苗突然引出膜外。幼苗引出膜外后，将膜孔周围土埋压实，防止大风掀开或刮跑地膜。这种栽培方式适用于大、中型春夏萝卜的早春露地栽培。

③平畦地膜覆盖栽培 这是在平畦里施足基肥，使肥、土拌和均匀，再将栽培床搂平，覆盖地膜，而后打孔播种的一种栽培方式。此法是地膜覆盖最简单、用工最省的一种方式，适用于早春小型萝卜的栽培。与露地栽培相比，在常年干旱、少雨、阳光充足、蒸发量大的西北地区，内陆的丘陵、坡岗、山地、沙质土壤，以及水源不足、缺乏浇灌条件的其他地区或地块，应用平畦地膜覆盖栽培萝卜，能起到节水栽培的作用，且获得早熟、高产萝卜的可能性较大。

此外，还可利用阳畦进行萝卜的春提早栽培和秋冬萝卜的假植贮藏。阳畦具有建造成本较低，采光保温性能较好，便于操作管理等特点。在黄淮海地区，早春种植萝卜一般可比露地栽培提早 15～20 天收获。

2. 整地做畦 选择背风向阳、土层较深厚、土质疏松、排水良好、有机质含量多、中性和弱酸性的沙质壤土。不宜与十字花科作物连作，可安排秋番茄、秋辣椒，秋马铃薯、秋莴苣及棉花、玉米等作前茬，并于冬前进行深耕晒垡。冬前深耕是在秋季蔬菜收获后，要及时清洁田园，清除残株与杂草，在土壤尚未冻结前进行翻耕，深耕30厘米以上。冬前深耕可以使土壤经历冬季冰冻，使其质地疏松，增加吸水与保水力，消灭土壤中的虫卵、病菌孢子等；提高翌年春季土壤的温度。在早春土壤化冻5厘米以上时进行耙糖、镇压、保墒，这时土块易碎、无大土坷垃，便于整地、做畦、覆盖地膜，可发挥地膜覆盖的优势。土壤深耕后播种，出苗快、出苗齐，幼苗生长健壮，病虫害少，肉质根皮光色鲜，商品性状好，产量高。所以，用于早春直播萝卜的菜田，一般情况下都要进行冬前深耕。

早春土壤解冻后要及早施肥，浅耕，耙平，做畦。每公顷施腐熟优质有机肥45 000～60 000千克、三元复合肥300～375千克。在雨量均匀、排水良好、不需要经常灌溉的地区宜做平畦栽培；在少雨、干旱的地区宜采用低畦栽培；在降水量大且集中的地区要采用高畦栽培，便于排水。为了便于播种、浇水、施肥、除草、病虫害防治等管理，低畦和高畦的畦面宽以2米左右为宜，畦埂和畦沟宽约30厘米；平畦宽一般6～8米。栽培萝卜畦的走向取东西向较多，播种行以南北向为宜，以利于通风和采光。

3. **适期播种** 萝卜的生长温度为6℃～25℃。应根据不同设施的保温性能确定其适宜的播种期。一般情况下以10厘米地温稳定在10℃以上、棚温或气温稳定在日平均温度11℃以上时即可择期播种。播种过早，地温、气温低，种子萌动后能感受低温影响而通过春化，从而引起先期抽薹而降低萝卜产量和品质；播种过晚，萝卜收获期后延，不仅影响经济效益，也会影响下茬蔬菜的栽植。要根据栽培设施类型、栽培模式及选用品种不同，灵活确定播期。为实现分期上市，可按计划分期排开播种，每5～10天播种一期，以利均衡供应市场。

播种方法：小型品种多用平畦条播或撒播，按行距开1～1.5厘米深的沟，播种后覆土1厘米左右；大型品种多采用垄作穴播，每穴3～4粒种子。为保持地温，要避免大水漫灌，播种时先开沟洇水或先在垄背上开穴洇水，水下渗后播种覆土。一般用干籽直播，每667米^{2}用种量0.5千克左右。播种后用塑料薄膜覆盖于播种畦面上，四周用土压紧，以利提高地温，一般可提早出苗3～4天，苗出齐后及时撤膜，防止烧苗。

4. **田间管理**　播种后保持棚室内白天气温25℃左右，夜间不低于7℃，5～7天即可出齐苗，地膜覆盖膜下播种的出苗后要及时分期、分批破膜引苗。在2～3片真叶期进行间苗，5～6片真叶时定苗，同时将地膜破口处用土盖严压实。

萝卜生长前期以保温为主，应避免浇水，并尽量晚浇水，可中耕1～2次，疏松土壤，以提高地温促进根系发育。适当提高棚内温度，以促进莲座叶生长，遇强冷空气时需加盖防寒物，防止萝卜长期处于8℃以下的低温环境中通过春化而发生先期抽薹现象。生长后期气温回升，应及时通风降温，白天保持20℃～25℃，夜温10℃～13℃，可视天气变化情况逐步撤除小棚膜及大棚裙膜；4月断霜后，夜温稳定在10℃以上时即可撤除棚膜，进行露地栽培管理。

萝卜生长中、后期不要缺水，垄沟土壤发白时适时浇水，特别是肉质根进入迅速膨大期后需水量增加，要根据土壤墒情灌水，不宜太湿或太干，要湿而不渍，保持土壤相对含水量65%～80%，最好采用滴灌。肥的管理以基肥为主，追肥从根茎肥大期开始。定苗后第一次追肥，每667米^{2}施硝酸铵或尿素10～15千克；肉质根膨大盛期进行第二次追肥，每667米^{2}施15～20千克三元复合肥。施肥方法：在距萝卜10厘米处穴施或开沟施入。

5. **适时采收**　早春保护地萝卜的收获期应根据市场需要和

保护地内茬口安排的具体情况确定。肉质根横径达 5 厘米以上，单根重约 0.5 千克时，可根据市场行情随时采收，分批收获上市。尤其是在北方地区，春季空气干燥，成熟的萝卜极易发生糠心，加之春季萝卜的价格是越早越高，因此肉质根只要达到商品价值，就应采收。萝卜叶柄留 10～15 厘米剪齐，经清洗、分级、整理、包装后供应市场。每采收 1 次，采后都应立即浇水，防止土壤松动，影响未采收植株的生长。通过拔大、留小，可连续采收 15～20 天，但应注意种植品种的成熟期，避免过晚采收引起糠心。

三、夏秋萝卜生产

（一）栽培季节特点

夏秋萝卜可分为夏季播种秋季采收和初夏播种夏末采收两种，生育期在 50～80 天。我国的大部分地区可选择这一栽培季节。这一栽培季节的特点是萝卜生长期，尤其是发芽期和幼苗期正处于炎热的季节，不利于肉质根的生长，也是病虫害多发季节。萝卜生长前期高温干旱，极易引起病毒病流行；如遇高温多雨天气，还会诱发软腐病发生。所以，这个栽培季节种植的萝卜产量不是很高且商品性较差（生食有辣味和苦味）。这茬萝卜的生产主要是用于调节市场供应，要求选用耐热、耐涝、抗病性强、生长速度较快的早、中熟品种为宜。这些品种在夏季高温条件下能正常生长。高温下呼吸作用虽很强，但仍有较丰富的光合产物分配到根部，形成肥大的肉质根。肉质根形状以圆柱形、圆球形为主，白皮，肉质细密、含水量多，适口性好。夏秋萝卜的收获期不十分严格，肉质根长成后即可根据市场需求及时收获。

（二）品种介绍

1. 短叶 13 早萝卜 叶丛直立，叶短小而疏，深绿色、无茸毛。肉质根长圆柱形，皮肉雪白，皮薄，质脆嫩，纤维少，品质好。早熟、高产、耐热、耐湿，适应性广，抗病力强。播种后 45～50 天收获。单根重 0.5～1 千克。安徽、江苏北部地区可于 5 月上旬至 8 月上中旬播种。每 667 米^{2}产量达 2 000～3 000 千克。

2. 南农伏抗萝卜 南京农业大学育成。叶丛直立，花叶深裂，叶片深绿色，叶柄红色，半圆形。肉质根圆柱形，长 14 厘米，横径 6.3 厘米，2/5 出土。皮红色，肉白色。单根重 350 克。本品种为伏萝卜，播种到收获需 60～65 天。耐高温，抗病毒病。宜熟食。江苏北部地区于 7 月中旬播种，9 月中下旬收获。

3. 夏抗 40 天 武汉市蔬菜科学研究所育成的杂种一代。板叶，主脉淡绿色。肉质根长圆柱形，长 20～25 厘米，横径 5～7 厘米，出土部分 10～13 厘米。皮白色，肉白色，品质好。较耐病毒病，适应性广。7 月中旬播种，40 天上市的，每 667 米^{2}产量为 1 500 千克；45 天上市的，每 667 米^{2}产量为 2 250 千克；50 天上市的，每 667 米^{2}产量为 3 000 千克。

4. 上海本地早萝卜 肉质根长圆锥形，长约 40 厘米，横径 5 厘米左右，1/4 露于地面，皮肉白色，顶端无细颈。生育期约 40 天，故又名"四十日"。耐热性强。7 月下旬播种，8 月下旬始收，9 月下旬盛收，10 月上旬收完。每 667 米^{2}产量 2 000 千克左右。

5. 中秋红萝卜 南京农业大学育成的耐热品种。叶丛直立，花叶，叶柄淡红色。肉质根圆柱形，根长 20 厘米，横径 8 厘米。单根重 250 克左右。皮呈鲜红色，肉质白色，味微甜，不易糠心，商品性好。该品种耐热，抗病毒病，夏季生长良好，生长期 70～75 天，适于夏秋和秋冬栽培。每 667 米^{2}产量 3 000～3 500

千克。

6. **蜡烛趸萝卜** 广州市农家品种。叶丛较直立，板叶，绿色，叶面光滑。肉质根短圆柱形，长14厘米，横径5厘米。早熟性好，生长期50～60天。耐热能力强，较耐湿。肉质根皮肉皆白色，肉质紧密，味辣，宜熟食。一般5～7月份播种，7～9月份采收。每667米²产量1000～1300千克。

7. **白沙短叶13号早萝卜** 广东省汕头市白沙蔬菜原种研究所育成品种。叶丛半直立，叶片倒卵形，叶色浓绿，无茸毛。肉质根长圆柱形，长28～34厘米，横径4～6.5厘米，皮、肉皆白色，表皮平滑根痕少。单根重0.6～1千克。品质好，肉质致密多汁，味甜。早熟，耐高温、高湿能力强，较抗霜霉病及病毒病，适合于微酸至中性的沙质土或沙壤土种植。在月平均温度28℃仍能正常生长。华南地区适播期为6～9月份，播种至采收需40～50天。夏播每667米²产量1200～1500千克；秋播每667米²产量2500～3000千克，高产的可达5000千克。

8. **宜夏萝卜** 福建省福州市蔬菜研究所选育的品种。叶丛直立，板叶。肉质根长纺锤形，长10～15厘米，横径5～7厘米，成熟时露出地面3～5厘米。单根重约0.2千克。耐热，耐涝性中等，不耐寒。皮和肉白色，肉质松脆，味辣，含水量多，宜熟食。播种至收获45天，福州地区6月中旬至7月中旬播种，8月上旬至9月上旬采收。一般每667米²产量1000千克左右。

9. **丰玉一代** 山西省农业科学院蔬菜研究所培育的杂交品种。早熟、耐热，品质优良，商品性好。叶丛半直立，花叶，绿色。肉质根圆柱形，根长25～30厘米，横径8～10厘米，约1/3露出地面。单根重1～1.5千克。皮色全白，表皮光滑，肉质细密，含水量适中，生食脆嫩，无辣味。适宜熟食，也可用于生食和加工。生育期70～75天，太原地区7月上旬至中旬播种，9月下旬采收，每667米²产量4000～5000千克。

10. 夏秋美浓 国外引进的一代品种。植株生长势强，抗病毒病，耐热性强，从播种到收获55～60天。根形长筒形，根长35～45厘米，表面光滑，皮和肉质均为白色，肉质细密，生食脆嫩多汁，风味好。单根重1～1.5千克，每667米^{2}产量4000千克以上。

（三）生产技术

1. 优化栽培方式 要想在炎热的夏季产出优质、安全的萝卜产品，可以通过优化栽培条件、改善栽培环境实现。实践证明，利用遮阳网覆盖栽培是最为有效和简易的栽培方式，遮阳网覆盖具有遮阴降温、保墒防旱、防台风暴雨、避虫防病等功能，能为夏秋萝卜减灾保收、优质稳产提供有效的保证，若能结合利用防虫网效果更好。遮阳网主要有黑色和银灰色两种，黑色网的遮光降温效果比银灰色网好，所以夏秋萝卜生产宜选用黑色遮阳网，覆盖的形式主要有小拱棚覆盖和大棚覆盖。

（1）小拱棚覆盖 利用春提早栽培小拱棚的架材进行遮阳网覆盖栽培。通常棚宽不超过200厘米，棚高为40～50厘米，网覆盖在拱架上，两侧留20～30厘米的空隙不覆盖，以便早晚照光和四面通风。这种覆盖方式取材方便，遮光和降温性能都很好，根据当地的气候和植株生长状况，可以选择全生长期覆盖或生长前期进行覆盖，生长中、后期揭除，操作管理容易，成本也低。

（2）大棚覆盖 利用冬春或春提早塑料薄膜大棚栽培茄果类、瓜类、豆类之后，夏季闲置不用的大棚骨架盖上遮阳网即可进行夏秋萝卜的生产。萝卜是一种很好的填闲蔬菜作物，这种栽培方式不仅利用了闲置的土地，还实现了轮作倒茬，增加了收入。冬春或春提早蔬菜栽培用塑料薄膜大棚通常为跨度6米、高2.5米的管棚，覆盖的方式大致有3种：①大棚顶盖法。将遮阳网覆盖在大棚顶部，盖幅不少于8米，棚的四周近地面处留1米高不盖遮阳网，以便通风透光，达到遮阳降温的目的；②大棚内平盖法。利用大棚两侧纵向连杆为支点，将压膜线平行沿两纵向连杆之间拉紧连成一平行隔层带，再在上面平铺遮阳网；③一网一膜覆盖法。覆盖在大棚上的薄膜，仅揭除围裙膜，顶膜不揭，而是在顶膜外面再覆盖遮阳网。总之，利用闲置大棚覆盖遮阳网的方法易操作，便于管理，切实可行。

夏秋萝卜利用遮阳网覆盖栽培的目的主要是在萝卜发芽期和幼苗期防止强光照射，降温保墒，避虫防病。若在萝卜生长的中期和后期光照减弱、气候温和，就可将遮阳网揭除。若遇特殊年份，如夏季连续阴雨天，则要加强揭盖管理，防止因光照不足而使棚内出现高温、高湿，引起萝卜徒长、病害发生，造成果实减产、品质下降等负效应。除覆盖遮阳网外，有些菜农还在棚膜上喷涂泥土，也可以达到防光降温的目的；还可以利用高秆作物（玉米、高粱、茄果类、豆类等）的畦埂、水道、行间、边角种植萝卜，其田间小气候优于单作的夏秋萝卜。

利用防虫网能有效预防虫害的发生，如有少量虫害发生，可采用诱杀或人工捕捉的方法，不必进行药剂防治。防虫网的制作要因地制宜，可利用竹竿、竹片、镀锌管等材料搭架，也可利用夏闲大棚覆盖防虫网。生产上一般选用24～30目的防虫网，没条件者，也可用细眼纱网代替。安装防虫网时，先将底边用砖块、泥土等压实，再用压网线压住网顶，以防风刮卷网。在萝卜整个生长期，要保证防虫网全期覆盖，不给害虫入侵机会。防虫网栽培技术操作简便、可行，效果好。

2. **选地施肥** 种植夏秋萝卜的地块要有良好的排灌系统，能够做到旱能浇、涝能排。其前作以施肥多、耗肥少、土壤中遗留大量养分的茬口为好，如旱豇豆、黄瓜等，也可利用麦茬复播种植夏秋萝卜。前茬作物收获后，要及时深耕整地，多犁多耙，耕深30厘米左右。因为这茬种植的萝卜多选生长期较短的品种，具有生长快、生长量大的特点，所以要求在耕翻前施足基肥，以充分腐熟的有机肥和三元复合肥为主，以后再看苗追肥。一般每 667 米² 撒施腐熟的有机肥 4 000 千克左右、草木灰 100 千克、过磷酸钙 25～30 千克或有机肥和含钾成分较高的复合肥 20～25 千克。为预防地下害虫的危害，同时还要撒施辛硫磷粉剂 1 千克（与土充分混合后施用）。采用垄作栽培时，不宜平畦，垄间距 50～55 厘米，垄底宽 30 厘米，垄高 20 厘米，为防止田间积水和浇水不匀，垄长不宜超过 20 米。这样，可使土壤肥沃，土质疏松，有利于肉质根的生长，提高萝卜的商品性，如遇到夏季多雨的年份还便于排水。

3. **适时播种** 黄淮海地区露地栽培多在 6 月下旬至 7 月下旬播种。过早播种，肉质根膨大期雨水多，病害重；播种过晚，萝卜调节蔬菜市场的意义不大。整好地后尽可能在适宜播期内早播种，按 30 厘米株距穴播，深 2 厘米左右，一般每穴 4～5 粒种子。播种后除盖土外，最好能进行地表覆盖，其作用是遮阴降温，保持土壤水分，同时还能预防暴雨冲刷引起的土壤板结。覆盖物可用麦秸、谷壳、灰肥等，也可将遮阳网覆盖在畦面上，保持田间湿而不渍，以利出苗。待苗出齐后，将网揭除。

4. **苗期管理** 播种后若天气干旱，应小水勤浇，保持地面湿润，并降低地温；若雨水偏多，大雨后需及早排涝。出苗后，旱天仍应 3～4 天浇一小水，不使垄面干燥；结合浇水可施 1 次硝酸铵或尿素，每 667 米² 施 10～15 千克，以补充土壤中氮肥的不足，促进幼苗生长。夏秋萝卜在间苗、定苗的管理上，宜采用多次间苗，适当晚定苗的做法，即于破心期、2～3 片真叶期、4～5 片真叶期各间苗一次，7～8 片叶时定苗。此做法的优点是幼苗群体叶面积较大，覆盖地面的面积也大，可使地温稍低，而晚定苗还有利于选留健苗和拔除病苗、弱苗。

5. **肥水管理** 夏秋萝卜的肥料供应以基肥为主，追肥为辅，在水肥管理上宜采取以促为主的原则。定苗后，进入肉质根膨大生长期，要协调地上部和地下部的生长，结合浇水每 667 米 ^{2} 施硝酸铵、硫酸铵或尿素 10～15 千克，以促进莲座叶和肉质根的生长，随后进行中耕，同时培土扶垄。10～15 天后，进入肉质根膨大盛期，每 667 米 ^{2} 再追施磷、钾含量较高的复合肥 15～20 千克。在萝卜肉质根膨大期间，无雨天气，一般每隔 4～5 天浇一次水，忌土壤忽干忽湿，以防裂根。

6. 病虫害防治　在萝卜软腐病、黑腐病发病频繁的地区，于播种前用菜丰宁（微生物农药）拌种预防，每 667 米 ^{2} 用量为100 克。霜霉病发生时，连喷两次 75% 百菌清可湿性粉剂 600 倍液，或 25% 甲霜灵可湿性粉剂 800 倍液，或 50% 克菌丹可湿性粉剂 500 倍液进行防治。夏秋萝卜易受蚜虫、菜青虫、小菜蛾等害虫的危害，而蚜虫又是传播各种病毒病的媒介，所以在出苗前要对邻近农作物及周边杂草喷撒 40% 乐果乳油 1 000 倍液等，严格防治蚜虫。出苗后也应定期喷药，严防蚜虫危害，常用的农药有抗蚜威、吡虫啉、阿维菌素等，也可在田间张挂黄板诱蚜。有菜青虫、小菜蛾等虫害发生时，可喷撒辛硫磷、阿维·杀单微乳剂（斑蛾清）等药剂进行防治。

7. 适时采收　夏秋萝卜的收获期不十分严格，肉质根长成后，即可根据市场需求及时收获上市。

四、秋冬萝卜生产

（一）栽培季节特点

秋冬萝卜栽培特点是秋季播种，初冬收获，是我国萝卜的主要栽培季节，生育期 60～100 天。此季的萝卜种质资源丰富、品种多，各省、直辖市不同地区都有适合当地种植的类型和品种。这一栽培季节的特点是前期温度较高，后期温度较低，且后期昼夜温差大，符合萝卜营养生长对温度和光照的要求，也有利于萝卜肉质根膨大和营养物质的积累。随着萝卜生长中、后期的温度降低，病虫害也较轻，所以秋冬萝卜产量高，品质佳。此期以种植中、晚熟品种为主，在秋季蔬菜生产中，萝卜种植面积仅次于大白菜，是重要的冬贮蔬菜。

（二）品种介绍

选用良种是秋冬萝卜增产增收的关键。品种选择一是要考虑当地的气候情况和播种地块的土壤条件，二是要注重市场对品种的需求和栽培目的。如播种地块的土层深厚而又疏松，就可以选用肉质根入土较深的品种；如果土层较浅而且土质黏重，就应选择肉质根入土较浅的品种；如果是为了提早供应秋淡季市场，就要选择耐热、早熟的品种，而且要适期早播；如果是用于贮藏供应冬季市场，就要选择抗病、优质、丰产、耐贮藏的品种；如果是用于腌渍、加工萝卜丝、酱萝卜等，就要选择肉质坚实、含水量少的加工萝卜品种。下面介绍部分品种以供参考。

1. 鲁萝卜1号　山东省农业科学院蔬菜研究所选育的杂种一代。叶丛较小，半直立，羽状裂叶，叶深绿色。肉质根圆柱形，入土部分很少，皮深绿色，略具白锈，肉翠绿，质地紧实，辣味稍重。生长期75～80天。单根重500～700克。鲁萝卜1号极耐贮藏，沟窖埋藏，到翌年4～5月份不糠心。属生食、菜用兼用品种。每667米²产量4000千克以上。适宜我国北方地区秋季种植。

2. 鲁萝卜4号　山东省农业科学院蔬菜研究所育成的杂种一代。叶丛半直立，羽状裂叶，叶色深绿。肉质根圆柱形，入土部分较少，皮深绿色，肉翠绿色，肉质致密，生食脆甜多汁。耐贮藏。单根重500克以上，根叶比为4左右。微辣，风味好。较抗霜霉病和病毒病。生长期80天左右。每667米²产量在4000

千克左右。可作为秋季栽培的绿皮水果萝卜品种，在喜食绿皮绿肉类型的地区推广应用。

3. 丰光一代 山西省农业科学院蔬菜研究所育成的杂种一代。叶丛半直立，花叶，叶绿色。肉质根长圆柱形，约 1/2 露出地面，表面光滑，出土部分皮绿色，入土部分白色，肉质白色。单根重 2 千克左右。肉质致密脆嫩，味稍甜，含水量略多，品质良好，宜生食、熟食和腌渍用。中晚熟，生长期 85～90 天，每667 米^2 产量 5 000 千克左右。除山西省外，河北、山东、河南、甘肃及云南等省均有栽培。

4. 丰翘一代 山西省农业科学院蔬菜研究所育成的杂种一代。叶丛半直立，花叶，叶绿色。肉质根圆柱形，约 1/2 露出地面，表面光滑，出土部分皮深绿色，入土部分白色，肉质浅绿色。单根重平均 1.7 千克。肉质致密脆嫩，无辣味，味稍甜，含水量适中，品质好，宜生食、熟食和腌渍用。生长期 85 天。耐贮藏。每 667 米^2 产量 4 000～5 000 千克。适于山西、河北、山东、河南等省栽培。

5. 丰润一代 山西省农业科学院蔬菜研究所育成的杂种一代，审定名"晋萝卜 4 号"。地上部叶丛半直立，花叶，绿色。肉质根圆柱形，表皮光滑，出土部皮绿色，入土部皮白色，近1/2 露出地面，含水量适中，肉质甜脆。平均单根重 1.5 千克。生长期 80 天左右。每 667 米^2 产量 5 000 千克左右。适宜山西省及周边地区种植。

6. 豫萝卜一号（原名 791） 河南省郑州市蔬菜研究所育成的杂种一代。叶丛较开展，花叶，叶色深绿。肉质根粗圆锥形，皮色翠绿，表皮光滑，根毛少，约 4/5 露出地面。平均单根重 1.7千克。肉质脆而多汁，辣味淡，贮藏后不易变色、糠心，生熟食皆宜。生长期 85 天左右。一般每 667 米^2 产量 5 000 千克左右。适于在郑州、许昌等地栽培。

7. 平丰 4 号 河南省平顶山市农业科学研究所育成的杂种一代。叶丛直立，花叶，叶亮绿色，叶面平滑。肉质根呈圆柱形或长纺锤形，表皮青绿色，无根毛，长 30 厘米，横径 10～12 厘米，青头占 2/3 以上。平均单根重 1.5～2 千克。耐贮。肉质绿色，生食脆甜，品质较好，宜生食、熟食。生长期 85 天，抗病。每 667 米^{2}产量 6 000～7 000 千克。适于黄河流域的广大地区栽培。

8. 北京心里美 北京市郊区农家品种，为著名的水果型萝卜。肉质根短圆柱形，约 1/3 露出地面。板叶型根长 15 厘米，横径 12 厘米，单根重 750 克左右；花叶型根长 12 厘米，横径 11 厘米，单根重 500 克左右。出土部分皮色灰绿，入土部分皮色渐浅，尾部黄白色。肉色有血红瓤（紫红色）和草白瓤（紫红与绿白色相间）两个类型。肉质紧密，生食脆甜，品质好，以生食为主，可雕花或加工制成五香萝卜干。较抗病，耐贮藏。生长期 80 天左右。一般每 667 米^{2}产量 3 500 千克左右。

9. 满堂红 北京市农林科学院蔬菜研究中心育成的杂种一代。分花叶满堂红和板叶满堂红两个品种。花叶满堂红叶丛半直立，羽状深裂；板叶满堂红叶丛直立，叶缘缺刻极浅，叶色深绿，叶柄、叶脉浅绿色。肉质根椭圆形，根长 11 厘米，横径 10 厘米，3/4 露出地面，出土部分皮浅绿色，入土部分灰白色。肉质血红色，脆嫩多汁，味甜，品质佳。单根重 500～600 克。耐贮藏。生长期 75～80 天。每 667 米^{2}产量 4 000 千克左右。适宜北京、河北、内蒙古、山西及东北、西北各地种植。

10. 天津卫青 天津市郊区地方品种，为著名的水果型萝卜。叶丛平展，花叶，羽状全裂，叶绿色。肉质根长圆柱形，尾部稍弯，长 20～25 厘米，横径约 5 厘米，约 4/5 露出地面。单根重 250～750 克，外表皮灰绿色，入土部分白色，肉色翠绿。肉质致密，脆嫩多汁，味稍辣，贮藏后味甜爽口，品质佳，最宜生食，可凉拌、雕花及腌制。较耐热、耐藏，不易糠心，但不抗病毒病。生长期 80～90 天。每 667 米^{2}产量 2 500 千克左右。适于天津、北京、河北、内蒙古等省（自治区、市）栽培。

11. **潍县青** 山东省潍坊市郊区农家品种，为著名的水果型萝卜。叶丛半直立，羽状裂叶，叶色浓绿有光泽。肉质根长圆柱形，长 25～30 厘米，横径 5～6 厘米，约 2/3 露出地面，出土部分皮色深绿，外附白锈，入土部分皮色黄白。根头部小，根茎发达，尾根细。肉质翠绿、紧密，生食脆甜、多汁，稍有辣味，品质优良。单根重 500～700 克。耐贮藏，经一段时间贮藏后，风味更佳。较抗病毒病和霜霉病，配合力好，是优良的育种材料。中晚熟，生长期 90 天。一般每 667 米^{2}产量 4 000～5 000 千克。适于山东省各地栽培。

12. **鲁萝卜 6 号** 山东省农业科学院蔬菜研究所育成的杂种一代。叶丛半直立，羽状裂叶，叶色深绿。肉质根短圆柱形，长 15 厘米，横径 10 厘米左右。地上部长 10 厘米，皮绿色，地下部皮白色，须根微红。肉质鲜紫红色，脆甜多汁，生食风味佳。单根重 550 克左右。较耐贮藏，适于收获后贮藏至春节前后食用。较抗病，适应性强。中熟，生长期 80 天左右。每 667 米^{2}产量 4 000 千克以上。可作为秋季栽培的绿皮水果萝卜品种，可在喜食心里美类型的地区推广应用。

13. **农大红** 北京农业大学园艺系育成。叶丛半直立，叶片绿色，全裂，叶柄红色。肉质根近圆形或椭圆形，皮红色，根头部较大，根长 15～24 厘米，横径 14～15 厘米。一般单根重 1.5 千克。根肉白色，肉质致密，味稍甜，宜熟食。抗病、丰产、耐贮藏、需肥水较多，不适于在贫瘠及旱地上栽培。生长期 85～90 天。每 667 米^{2}产量 4 500 千克左右。适于在北京郊区栽培。

14. **京红 1 号** 北京市农林科学院蔬菜研究中心育成的杂种一代。叶丛直立，叶片深绿色，近板叶型，叶面光滑，叶片及叶脉浅紫色。肉质根椭圆形，有 2/3 露出地面，皮细、红色，长

13 厘米，横径 12 厘米。单根重 1.1 千克。肉白色，致密，含水分少，宜熟食。抗病，宜密植，耐贮藏。生长期 75～80 天。每 667 米² 产量 4 500 千克左右。适于在北京地区栽培。

15. **浙大长萝卜**　浙江农学院（现浙江大学）选育的品种。肉质根为长圆柱形，尾端钝尖。叶丛直立，适于密植。根长 43～67 厘米，1/2 露出地面，横径 6～8 厘米。单根重 1.75～2 千克，最大的有 10 千克。皮白色、光滑，侧根少。肉白色，皮质松脆，水分中等，辣味少，微甜，适于生食、煮食或加工腌渍、干制。叶重为根重的 1/3～1/4。抗病毒病。杭州在 8 月下旬至 9 月上旬播种，11 月初至 11 月底收获。生育期 70～80 天，可延迟播种。每 667 米² 产量 5 000 千克以上。

16. **热杂 4 号萝卜**　华中农业大学育成的杂种一代。生长势强，生长快，耐热，抗逆性好，生育期 50～60 天。叶丛半直立，叶片浅裂，绿色，较宽大。肉质根呈圆柱形，长 24～28 厘米，横径 6 厘米左右，约 1/3 露出地面。表皮光洁，皮、肉均为白色。单根重 300～400 克。一般每 667 米² 产量 2 000～3 000 千克。

17. **武青 1 号**　武汉市蔬菜科学研究所育成。花叶，叶片绿色，主脉淡绿色。肉质根圆柱形，长约 28 厘米，横径 8～9 厘米，出土部分 4 厘米，肩翠绿色，入土部分白色。品质好，熟食腌制兼用。抗逆性强，较耐病毒病。每 667 米² 产量 3 000～4 000 千克。

18. **武杂 3 号**　武汉市蔬菜研究所育成的杂种一代。花叶，叶片绿色。肉质根长圆柱形，长 25 厘米左右，横径 9 厘米左右，出土部分 12～13 厘米，肩淡黄绿色，入土部分白色，根形美观，品质好。生长快，产量高，抗性强。每 667 米² 产量 5 000 千克以上。

19. **王兆红大萝卜**　哈尔滨市农家品种。叶丛平展，花叶，深裂，叶绿色，叶柄紫红色。肉质根近圆形，根长 10～15 厘米，横径 10～15 厘米，地上部与地下部均为红色，肉白色。单根重1～2 千克，最大单根重 4 千克。夏、秋季生长，中晚熟，从播种到收获为 85～90 天。耐寒性、耐热性强，耐旱性中等，耐贮性强，抗病毒病能力强。肉质致密，味稍甜，含水量中等，品质好，适于熟食、干制。哈尔滨地区一般 7 月上中旬播种，10 月上中旬收获。每 667 米² 产量 2 700～3 300 千克。

20. **丹东青** 辽宁省丹东地区农家品种。叶丛半平展，花叶型，叶片深绿色，叶柄浅绿色。肉质根长 25～30 厘米，横径9～11 厘米，肉质根为长圆锥形，地上部皮色为绿色，地下部为白色，肉浅绿色。单根重 1～1.6 千克。适宜秋季栽培，晚熟，从播种到收获需 90～95 天。较抗病毒病，耐贮性较强，肉质根微辣，含水量多，口感脆嫩，适宜生食、熟食及腌制。辽宁省各地播种期 7 月中旬，垄作，10 月上中旬开始收获。每 667 米² 产量 5 000 千克。

21. **红丰萝卜** 板叶型，叶丛半直立，叶色深绿，叶脉鲜红色。肉质根为圆形，表皮光滑，茎盘小，须根少，皮为红色，肉为白色。单根重平均 300 克。抗病毒病、霜霉病能力强。中晚熟，辽宁地区生长期 80～90 天。每 667 米² 产量 2 000 千克。

22. **乌市青头萝卜** 新疆农家品种。叶丛半直立，花叶，深裂。叶色深绿，叶柄浅绿色。肉质根圆柱形，长 20 厘米，横径8 厘米，皮色青绿，地下部皮白色，根肉上部浅绿色，下部白色，单根重 800 克。较耐寒，抗病，较耐贮藏。肉质致密、质脆，微甜稍辣，含水量中等，品质较好，宜熟食。7 月中下旬播种，垄播为主，行距 30～35 厘米，株距 20～25 厘米，10 月中旬开始收获。中晚熟，从播种至收获 85 天左右。每 667 米² 产量 5 000 千克。

23. **银川大青皮萝卜** 宁夏农家品种，目前仍是当地的主要栽培品种。叶丛较直立，花叶，叶缘深裂，叶绿色，叶柄浅绿色。肉质根圆柱形，长 15～17 厘米，横径 11～12 厘米，1/5 入土，地上部皮绿色，地下部浅绿色，肉色浅绿。单根重 2～3 千克。耐寒、抗病、耐贮藏。味辣，含水量多，品质中上等，生食、熟食或加工均可。银川地区 7 月中旬起垄点播，或在茄子、辣椒垄背上套种，行距 60 厘米，株距 26 厘米，10 月下旬收获。中晚熟，从播种至收获 90～100 天。每 667 米^{2}产量 2 500～3 000 千克。

24. **青辐 2 号** 青海省农业科学院自育品种。叶丛半直立，花叶型，叶长倒卵圆形，绿色，主叶脉浅绿色。肉质根长圆柱形，长 32 厘米，横径 7.9 厘米，约 1/2 入土，出土部分皮绿色，入土部分白色，肉绿白色。肉质细脆，味甜。单根重 1.25 千克。中熟，生长期 90 天左右。每 667 米^{2}产量 4 000 千克左右。

25. **福州芙蓉萝卜** 福建省福州市郊区农家品种。叶丛半直立，花叶，深裂刻，叶绿色，叶柄浅绿，有细茸毛。肉质根长卵圆形，长 20 厘米，横径 8 厘米，成熟时露出地面 6.5～10 厘米，地上部皮紫红色，地下部皮白色。肉白色，单根重 0.25～0.4 千克。耐热、耐寒、耐旱性中等，耐贮性弱。肉质致密，含水量多，味甜脆嫩，品质好，宜熟食。福州地区 9 月上旬至 11 月上旬播种，12 月中旬至翌年 2 月份采收。中晚熟，从播种至收获 100～120 天。一般每 667 米^{2}产量 2 000 千克左右。

26. **白沙南畔洲晚萝卜** 广东省汕头市白沙蔬菜原种研究所选育而成。叶丛半直立，羽状裂叶，叶色深绿，有茸毛。肉质根长圆柱形，长 30～35 厘米，横径 6.5～8 厘米。单根重 1～1.5 千克。皮、肉皆白色，表皮平滑，耐糠心，品质优良，质脆、味甜、纤维少，熟食或腌制加工均可。中晚熟，适应性广，抗逆性强，耐抽薹。华南沿海地区 9～12 月份种植，收获期 11 月份至翌年 4 月中旬。播种至收获 60～80 天。每 667 米^{2}产量 4 000～5 000 千克。

27. **云南红萝卜** 云南农家品种。叶丛半直立，板叶，叶柄色浅绿带浅紫。肉质根近椭圆形，长 15 厘米，横径约 11 厘米，地上部皮浅紫间白色，地下部白色，肉白色。单根重 0.65 千克。耐寒性强，耐涝性及耐旱性中，较抗花叶病及黑腐病。肉质致密稍硬，味甜微辣，品质较好，适宜熟食、生食，也可腌制。云南曲靖各地 7～8 月份播种，11～12 月份收获。中熟，从播种至收获约 85 天。每 667 米² 产量约 2 800 千克。

28. **贵州团白萝卜** 贵州省农家品种。叶丛半直立，窄板叶无裂刻，叶浅绿色，叶柄浅绿。肉质根扁圆形，长 6 厘米，横径 9.8 厘米，肉质根地上部长约 1.5 厘米，根皮和肉皆白色。单根重 0.6 千克左右。抗逆性一般。皮薄，肉质疏松，含水量适中，味淡，熟食为主。贵州中北部地区 8 月份播种，10 月下旬收获。中熟，从播种至收获 80～90 天。一般每 667 米² 产量 2 000～2 200 千克。

29. **沪优 3 号萝卜** 四川省农业科学院水稻高粱研究所从地方农家品种中选育而成。叶丛半直立，株高 77 厘米，花叶，叶柄较粗，主脉紫红。肉质根长圆柱形，长约 20 厘米，横径 3.8 厘米。单根重 0.3 千克左右。肉白色，皮深红色。质地脆，品质佳。中熟，冬性强，耐贮藏，较抗霜霉病及病毒病，适于四川、重庆等地秋冬种植，适播期为 9 月上旬。从播种至收获需 75～80 天。一般每 667 米² 产量 1 500～2 200 千克。

30. **沪优 4 号萝卜** 四川省农业科学院水稻高粱研究所育成。叶丛直立，株高 73 厘米，花叶，叶色淡绿红色，叶柄红色。肉质根短圆柱形，上部略细，长约 10 厘米，横径 4.6 厘米。单根重 0.3 千克左右。肉白色，皮深红色，皮薄。质地致密，细嫩，稍有辣味，品质佳。中熟，不易糠心，较抗霜霉病及病毒病，适于四川、重庆等地秋、冬、春季种植，秋季在 9 月上旬播种，春季 1 月下旬播种。从播种至收获需 70 天。一般每 667 米² 产量 1 600～2 000 千克。

（三）生产技术

1. 土壤选择　土壤是萝卜生长发育的基础。萝卜生长发育所需的水分、养分、空气等因素要通过土壤提供；根际温度、湿度、微生物等条件也受到土壤的制约。萝卜对土壤总的要求是：土层深厚肥沃，耕作层在 27 厘米以上，pH 值 5～8，有机质含量在 1.5% 以上，疏松透气的壤土或沙壤土。这类土壤富有团粒结构，其保水、保肥能力及通气条件比较好，耕层温度稳定，有益微生物活动，利于萝卜的生长发育。产品肉质根表皮光洁、色泽好、品质优良。若将萝卜种在易积水的洼地、黏土地，则肉质根生长不良，皮粗糙；种在沙砾和白色污染比较多的地块，则肉质根发育不良，易形成畸形根或杈根，商品性差。

2. 深耕细作、施足基肥　菜田土壤耕作包括耕、翻、耙、松、镇压、混土、整地、做畦等作业。耕作对萝卜的产量和品质有明显的调控作用，这主要是因为耕作使土壤耕作层加深，土壤疏松透气、肥力增加，从而有利于萝卜产品器官的膨大生长。土壤孔隙度达到 20%～30% 时，产品的商品性状好，外观光滑圆整，色泽美观，商品率高。在我国传统的菜田耕作体系中，深耕是非常重要的作业。深耕不仅可以加厚活土层，促进有益微生物活动，使土壤保水、保肥，增强抗旱、抗涝能力，而且有利于消灭病虫害。只有深耕细耙，保持土壤疏松，才能充分发挥肥水作用，为大、中型萝卜创造良好的根际环境条件，从而实现增产增收。栽培小型萝卜只要耕翻 27 厘米左右即可，栽培大型萝卜要深耕 33 厘米以上，有的要求深耕 40 厘米以上，同时结合施用大量的有机肥，才能满足肉质根膨大的要求。土壤耕作层太浅、底层坚硬，会阻碍肉质根的生长而使其发生杈根、畸形根，同时引起表皮粗糙，严重影响商品性状。因此，种植萝卜的地块必须进行深耕。

施肥总的要求是以基肥为主、追肥为辅。施肥量视土壤肥力和品种而定，一般每 667 米² 施腐熟的优质农家肥 2 500～3 000千克、过磷酸钙 40～50 千克、硫酸钾 20～30 千克、硼砂 0.5～1千克作基肥。铺施基肥后，要进行旋耕、耙糖，其目的是耙碎土块，使土壤细碎、疏松，同时将基肥翻入土中，使肥土混匀相融。然后整地做畦，将高低不平的土壤表层整平，以便提高播种及水肥管理质量。整地原则是精细，做到耕透、耙细、耢平，使土壤上虚下实。根据当地的气候、栽培季节、地势、土质、土层深浅及品种特性等采用适宜的做畦方式。雨水较多的地区多用高畦，雨水相对较少的地区用低畦或平畦栽培，华北地区多采用高垄栽培。平畦栽培一般畦宽 2 米，长 8～10 米；垄作栽培时一般垄距 50 厘米，垄宽 30 厘米，垄高 15 厘米。为了排水方便，在平畦基础上挖一定的排水沟，使畦面凸起的栽培畦形式被称为高畦栽培，适于降水量大且集中的地区应用。

3. **适期播种** 根据当地的气候条件，结合所选择栽培品种的生物学特性，把萝卜肉质根膨大期安排在最适宜的生长季节，以此为依据来确定适宜的播种期。若播种过早，天气炎热，则病虫害严重；若播种过晚，则病虫害减轻，但生长期不足，肉质根尚未长成天气就会转冷，不能获得丰收。黄淮海地区以 7 月中下旬至 8 月上中旬为露地播种适期。在这一范围内，也应根据当时当地的气候情况确定播种期，如果天气高温、少雨，则播种期应适当推迟。土壤肥力差，前茬为粮食作物的地块，可适当早播，以延长生长期，增加产量。地力肥沃，病虫害严重的老菜区，可适当晚播种，一是躲避病虫害，二是地力肥沃萝卜生长速度快，生长期短些也不会减产。萝卜生食品种应比熟食和加工用品种播种晚些，因播种期适当偏晚，肉质根生长期间经历的高温日数较少，所以肉质根中芥辣油含量较低，糖的含量较高，品种风味好。目前，广大菜农在确定播种期时，主要以控制和减轻病毒病的发生，实现丰产和稳产为先决条件。

依据品种特性及播种地块的土质、土层深浅等确定种植方式。种植肉质根入土较深的萝卜品种时，宜选用高垄栽培。起垄栽培可使土层深厚疏松，地温昼夜变化较大，有利于肉质根膨大生长，通风透光，病害少。试验表明，同一个品种高垄栽培比平畦栽培增产9.8%～20.7%。对于萝卜出土部分比例较大的品种（如潍县青），如果采用起垄栽培，间苗、定苗不及时的话，肉质根易长弯而影响商品品质，不宜垄作。若种植地块地势平坦，土质疏松、深厚，则可采取平畦、低畦栽培，可以省时省力，便于操作。如果土质黏重，土层较浅，那么应选用垄作栽培，利用高垄增加疏松的耕作层，有利于根系的发育和肉质根的生长。

萝卜的主根如果受到损伤，很容易出现杈根，所以除制种采用育苗移栽外，都采用直播法。播种方式主要有撒播、条播、穴播（点播）。小型萝卜（如水萝卜、四季萝卜）生育期短、植株小、适宜密植，在生产上多采用平畦栽培，撒播为主。大、中型萝卜的播种方法以条播、穴播为主，畦作（高畦、低畦、平畦）栽培以条播为主，方法是：①根据不同品种要求的行距开沟播种，然后覆土，再轻轻镇压一遍，以利种子吸水；②垄作栽培多以穴播为主，依据不同品种要求的株距在垄背上按穴点播并压实，每穴用种3～5粒；撒播用种量较多，条播次之，穴播最少，每667米^{2}用种量分别为500克以上、400～500克、150～250克；③播种后覆土的厚度约2厘米，播种过浅，土壤易干，且出苗后易倒伏，胚轴弯曲；播种过深，影响出苗的速度与幼苗的健壮度。播种时土壤相对含水量以80%为宜。为使苗齐、苗全、苗壮，应足墒精细播种。若墒情较差，最好提前4～5天浇水造墒，当墒情适宜时浅锄一遍，耙平畦（垄）面后，再行播种；若来不及浇水造墒，可在开沟、播种、覆土镇压后，随即浇水，但浇水要均匀，以防大水冲出种子。前者底墒足，土壤疏松，幼苗出苗容易；后者容易使土壤板结，必须在出苗前经常浇水，保持土壤湿润，才容易出苗。在具体实践中，应因地制宜，灵活选择播种方式。

4. **生长前期管理**　栽培秋冬萝卜，生长前期的管理以间苗、中耕除草工作为主。

及时间苗，能保证幼苗有一定的营养面积，获得壮苗。若不及时间苗，幼苗就会徒长，并因胚轴部分延长而倒伏，或者幼苗生长孱弱。病虫害严重、天气干旱，或者暴风雨较多的地区定苗不宜太早，以免造成缺苗局面。间苗和定苗应掌握"早间苗，分次间苗，适时定苗"的原则。从有利于萝卜生长发育的需要考虑，以两次间苗之后再定苗为好，第一次间苗在出现两片基生叶（一般称为"拉十字"）的时候进行，只需将幼苗间开即可；当出现 3～4 片叶时进行第二次间苗，点播的每穴留 2～3 株苗，条播的苗距 10～12 厘米，间苗时要去杂、去劣和拔除病苗，选留符合种植品种特征、叶形整齐、叶片舒展、叶色鲜绿、根颈长短适中、比较粗壮的幼苗；当幼苗长出 5～6 片真叶时及时定苗，大型萝卜株距 30～40 厘米，中型萝卜株距 20～30 厘米。

秋冬萝卜的幼苗期正处于高温雨季，杂草生长旺盛。杂草是病菌、害虫繁殖寄生的地方，如不及时清除杂草，肯定会影响幼苗生长。所以，在生长前期要勤中耕、勤除草，使地面保持干净，土壤保持疏松和良好通气状态，这样也有利于保墒。栽培管理中要求做到有草必锄、浇水必锄，以防止土壤板结。中耕应在间苗和定苗以后进行，中耕的深度根据植株的生长发育情况而定。第一次中耕的时候，幼苗的根入土比较浅，要浅中耕，锄破地皮就行；随着植株的生长，第二次中耕要加深，并且是浅锄背，深耪沟，垄背上锄深 3 厘米左右，切勿碰伤苗根，以免引起萝卜分杈、裂口或腐烂。在中耕时，根据幼苗的不同生长情况分别采取不同的中耕方法。对于因播种入浅或垄背受雨水冲刷而使幼苗根部外露的植株、偏高的植株，应该用小手锄自沟底向垄背上锄，把沟底的土带上垄背，为幼苗根部培土。采用这样的中耕方法，能够避免露根的植株受到风吹雨打而东倒西歪不能正常生长。对于因播种太深或垄背偏宽而使幼苗被土覆盖和子叶贴在垄面的植株，应该用小手锄由垄背向下锄，把垄背上的土带往垄沟，使幼苗颈部不至于被土掩埋太厚。定苗后的中耕，要进行培土扶垄，防止肉质根外露、植株倒斜而影响正常生长。

5. **肥水管理**　萝卜是需水量多的作物，肉质根含水量占93%～95%，适于肉质根生长的土壤相对含水量为65%～80%。水分不足时，会影响肉质根中干物质的形成，造成减产。萝卜在不同生长阶段的需水量有较大的差异。在发芽期，为了促进种子萌发和幼苗出土，防止苗期干旱造成死苗和诱发病毒病，应保持土壤湿润，土壤含水量以80%为宜；在幼苗期，叶片生长占优势，为防止幼苗徒长，促进根系向土壤深层发展，要求土壤湿度较低，以土壤相对含水量60%为好；在叶片生长盛期，叶片旺盛生长，同时也是肉质根膨大前期，要适当控制灌水，进行蹲苗；"露肩"以后，标志着叶片生长盛期结束，肉质根进入迅速膨大期，需水量增多，只有保持土壤湿润，才能提高萝卜的商品性。在肉质根膨大期水分供给不足，就会形成细瘦的肉质根而降低产量。同时，水分不足还会造成侧根增多，表面粗糙，纤维硬化、味辣、糠心，使品质变劣。但是，水分过多也不利于肉质根的代谢与生长，同样会造成减产。浇水原则是"地不干不浇，地发白才浇"，在收获前5～7天停止浇水，以提高肉质根的品质和耐贮运性能。

萝卜对土壤肥力的要求很高，在整个生长期都需要充足的养分供应。在生长初期，对氮、磷、钾三要素的吸收较慢；随着萝卜的生长，其对三要素的吸收会加快，到肉质根生长盛期，吸收量最多。在不同时期，萝卜对三要素吸收情况是有差别的。幼苗期和莲座期是细胞分裂、吸收根生长和叶片面积扩大时期，需氮较多。进入肉质根生长盛期，磷、钾需要量增加，特别是钾的需要量更多。萝卜在整个生长期中，对钾的吸收量最多，氮次之，磷最少。所以，种植萝卜不宜偏施氮肥，而应该重视磷、钾肥的施用。有机肥与无机肥合理施用；以基肥为主并进行有效追肥；根据土壤中养分含量及其形态，结合植株生育期对各种元素的需求量，实行测土配方施肥，才能达到良好的应用效果。

萝卜整个生长期主要进行 2 次追肥。第一次追肥在定苗后，以氮肥为主，每 667 米^2 用尿素 20 千克或人粪尿 2 000 千克；第二次在肉质根膨大期，以钾肥和磷肥为主，每 667 米^2 施硫酸钾 10～15 千克、过磷酸钙 20 千克，氮肥可视长势适当追施，或粪稀 1 500 千克左右。一般情况下，肥料的追施都是和浇灌结合进行的，如平畦栽培，在生长前期，植株小，行间大，可将肥料撒在行间，随即浇水，使肥料溶解于水；高垄栽培的追肥在垄间条施或沟施，然后浇水。在肉质根膨大盛期追肥多采用随水冲施的方法，按照水流速度，将一定量的肥料加入灌溉水中；如采用喷灌和微灌方式浇水时，应事先在离植株根部 15～20 厘米处将适量肥料开穴施入。

6. 肉质根膨大期管理　肉质根膨大期分为肉质根膨大前期和膨大盛期。由肉质根"破肚"到"露肩"这段时期称为肉质根膨大前期，此期在管理上既要促进叶片的旺盛生长，形成强大的光合叶面积，保持旺盛的同化能力，又要防止叶子徒长，影响肉质根的膨大。在定苗追肥后浇水 2～3 次，以充分发挥基肥和追肥的肥效，促进叶子生长，并结合中耕为根部培土扶正。如果此期发生蚜虫和霜霉病危害，应及时喷洒药剂防治。当第二个叶环多数叶子展开时，要控水蹲苗，防止叶片徒长，促进肉质根生长。在"露肩"后，肉质根膨大前期转入肉质根膨大盛期，直到肉质根充分膨大，此期是肉质根生长的主要时期。在此期间叶片生长减缓并渐趋停止，肉质根内部主要是薄壁细胞的膨大和细胞间隙的增大，植株的同化产物大部分会输入肉质根贮藏起来，使肉质根迅速膨大。这一时期肉质根的生长量约占最终产量的80%左右，根系吸收的矿质营养有75%会用于肉质根的生长。在管理上要注意浇水均匀，避免忽干忽湿，以免裂根。在无雨的情况下，一般每5～6天浇1次水，来保持土壤湿润。10月上中旬还有一次蚜虫和霜霉病发生高峰期，应注意防治。在喷药防治时，可加入0.2%磷酸二氢钾进行叶面追肥，并注意保护叶片，防止叶片受害和早衰，确保萝卜的优质和丰产。

7. 病虫害防治 秋播萝卜的苗期正值高温多雨季节，易发生虫害，虫害防治是萝卜生长前期管理的主要工作之一。此期主要害虫有蚜虫、菜青虫、小菜蛾、黄条跳甲等。主要从以下几个方面防治：一是加强田间管理，清除杂草，及时集中沤肥，以减少虫源。二是利用黑光灯诱杀棉铃虫、地老虎、斜纹夜蛾等成虫，效果很好。三是药剂可采用吡虫啉、阿维菌素、溴氰菊酯、斑蛾清等。

秋播萝卜的主要病害有病毒病、霜霉病、黑腐病、软腐病等。防治病毒病应选用抗病品种，采取改进栽培管理和灭蚜防病相结合的措施；霜霉病的预防除选用抗病品种外，还应在播种前用50%福美双可湿性粉剂，或75%百菌清可湿性粉剂拌种，用药量为种子重量的0.4%，合理轮作，不和十字花科作物连作或邻作；黑腐病、软腐病属于细菌性病害，可用0.2%硫酸链霉素防治，也可用50%敌磺钠可溶性粉剂500～1000倍液灌根。

目前，对萝卜病虫害的防治以推广抗病品种和加强栽培管理、实行轮作等农业措施为主，生产上用药较少。一定的病（虫）源基数、适宜的温湿度、易感病品种、传播途径是病虫害发生的必备条件，缺一不可。因此，我们可以从这四个环节来阻止或减轻病虫害的发生。

8. 适时采收 萝卜一般以肉质根充分肥大、叶色转淡并开始变黄为收获适期。秋冬萝卜能耐 0℃～-1℃ 的低温，如遇 -3℃ 以下的低温，即使天气转暖后受冻的肉质根能够复原，食之却有异味，品质变劣。因此，萝卜的收获适期应定在气温低于 -3℃ 的寒流到来之前，准备贮藏的萝卜则必须在上冻前及时收获。采收后最好把萝卜的根顶切去，以避免其在贮藏中长叶、抽薹，消耗养分，引起肉质根糠心，降低食用价值。

萝卜生长后期，经过几次轻霜，可以促进肉质根中淀粉向糖分的转化，使风味品质变佳。特别是生食品质，此过程尤为重要。所以，萝卜的收获期不宜过早，一般根据天气预报来确定。另外，采收期还要根据品质、播种期、植株的生长状况和收获后的用途来决定。如早熟品种和中小型萝卜品种只要充分长成，就可收获上市，否则易糠心。我国黄淮海地区多数在 10 月下旬至 11 月上旬采收。

五、冬春萝卜生产

（一）栽培季节特点

冬春萝卜初冬播种，春季收获，生育期 90～140 天。这一栽培季节的特点是温度不高，光照时间较短，因而需要选择对温度反应迟钝、对光照需求不严格、生长期较长的中晚熟品种。在商品性方面，要求萝卜肉质根脆、味甜、纤维少、冬性强、晚抽薹、丰产和不易糠心等。

我国华南、西南等地区冬季比较温暖，萝卜能够安全越冬，栽培技术简单，成本低，效益高。这些地区的菜农多利用这一季节露地栽培萝卜，供应早春蔬菜淡季市场。东北、西北及黄淮海等地区冬季气温低，日照短，传统的栽培习惯是以秋冬萝卜栽培为主，立秋前后播种，立冬前后收获，除部分直接供应市场外，大部分用于贮藏越冬或加工腌渍，供应冬、春蔬菜市场。但冬贮萝卜在立春后开始糠心，商品价值降低，所以早春萝卜供应不足，出现淡季。冬春萝卜的生产需要利用保护设施，栽培技术复杂，费工费力，生产成本高，发展缓慢。随着蔬菜设施栽培技术的不断完善、专用品种的育成、设施类型的丰富及设施结构的改进，现已实现萝卜的周年生产，冬、春季节保护地萝卜将成为重要的春季补淡蔬菜。近几年此茬萝卜在市场上非常走俏，其栽培面积也越来越大。

（二）品种介绍

1. **白沙迟花晚萝卜** 广东省汕头市白沙蔬菜原种研究所育成。叶丛半直立，大头羽状裂叶，叶色深绿，茸毛较多。肉质根长圆柱形，长28～32厘米，横径6.5～8厘米。单根重1～1.5千克。皮肉皆白色，耐糠心，质脆，味甜，纤维少。晚熟，冬性强，适应性广。广东省沿海地区1月份至2月下旬播种，收获期为3月下旬至5月中旬。播种至收获需70～85天。每667米²产量3 500～4 000千克。

2. **白沙玉春萝卜** 广东省汕头市白沙蔬菜原种研究所选育的杂种一代。叶丛半披生，羽状裂叶。肉质根皮肉皆白色，表皮光滑，长30～36厘米，横径5～8厘米。单根重0.8～1.5千克。肉质致密、脆，味甜带微辣。晚熟，冬性强，适应性广。华南沿海地区9月至翌年3月上旬均可种植，收获期为11月份至翌年5月中旬。秋播约60天采收，每667米²产量4 000～5 000千克；冬春播约80天采收，每667米²产量2 500～3 000千克。

3. **成都春不老** 四川省成都市农家品种。叶丛较直立，板叶，叶片倒披针形，叶面微皱，深绿色。肉质根近圆球形，长13厘米，横径约11厘米。皮绿色，入土部白色，肉白色，肉质根入土约 1/2。单根重 1 千克。生长势强，耐寒力较强。肉质根质地致密，脆嫩，多汁，味微甜，不易糠心，品质佳，主要供鲜食。雅安地区 9 月下旬至 10 月上旬播种，翌年 1 月下旬至 2 月份收获。晚熟，从播种至收获 130～150 天。每 667 米^2 产量 3 800 千克。

4. 成都热萝卜　四川省成都市农家品种，可调节春淡市场。叶丛直立，叶片倒卵圆形，叶色绿，有茸毛，叶缘浅锯齿状，叶柄及中肋淡绿色。肉质根圆锥形，长 20～30 厘米，横径 4～5 厘米，皮和肉均白色。耐热性较强，春播不易抽薹，不易糠心。味微甜，质地紧密，品质中等。成都地区 10 月下旬至 11 月上旬播种，翌年 2 月中旬收获。中熟，从播种至收获约 90 天。每 667 米^2 产量 2 000～2 500 千克。

5. 云南水萝卜（冬萝卜）　云南农家品种。叶丛半直立，板叶，无裂刻，叶色深绿，叶长 55 厘米，宽 16 厘米。叶柄浅紫色。肉质根长圆柱形，长 27 厘米，横径约 8 厘米。地上部皮浅绿色，地下部白色，肉白色，肉质根入土 2/3。单根重 1.6 千克。中熟，从播种至收获 80～100 天。耐寒性中，耐涝性较强。肉质致密，味甜微辣，肉质脆嫩，含水量中等，主要供生食、熟食，也可腌制、干制。云南昆明等地 6～9 月份播种，8 月至翌年 2 月份收获。每 667 米^2 产量约 4 000 千克。

6. 云南三月萝卜　云南省农家品种。叶丛半直立，板叶，无裂刻，叶绿色，叶柄浅紫。肉质根长圆柱形，根地上部长 8 厘米，皮色浅绿，地下部皮白色，肉白色。晚熟，从播种至收获 110～130 天。耐寒性较强，耐热性及耐旱力中等，较耐贮藏，冬性极强，抽薹迟。肉质致密，脆嫩，含水量较多，味甜带辣味，生食、熟食为主，也可干制。昆明等地 10 月下旬至翌年 1 月份播种，3～5 月份收获。每 667 米^2 产量约 4 000 千克。

此前介绍的国外进口品种白玉春、大棚大根等，以及国内育成的杂交品种天正春玉一号、春雪、春红一号、丰美一代等品种都可供选用。

（三）生产技术

1. **优化栽培环境** 萝卜较耐寒，植株矮小，生育期短，是很好的间作、套种蔬菜种类，因此可充分利用保护地内的边角地，提高保护地内土地的利用率，同时增加效益。可于10～12月份，在日光温室种植喜温的茄果类、瓜类的边角地、畦埂上随时播种萝卜，可于元旦和春节前后陆续上市。建造大棚、拱棚等简易保护设施，还可将这些设施结合利用，如在大棚内加盖小拱棚，中、小拱棚加地膜覆盖等优化栽培环境，创造适宜萝卜生长发育的环境条件，获得优质的萝卜产品。

2. **整地、施肥** 冬春萝卜保护地栽培浇水次数少，不宜多追肥，所以在整地前要施足充分腐熟的有机肥和三元复合肥。一般每667米^{2}施有机肥3 000～4 000千克、三元复合肥20～25千克，然后精细整地。小型品种多用平畦栽培，畦宽2～3米，畦长7～8米。肉质根较长的大型品种多用垄作栽培，垄距60厘米，垄高20厘米，垄顶宽40厘米左右，每垄播2行。

3. **适期播种** 萝卜的生长温度为6℃～25℃。应根据不同设施的保温性能确定其适宜的播种期。一般情况下10厘米地温稳定在10℃以上时即可择期播种。根据栽培设施类型、栽培模式及选用的品种特点，灵活确定播期。为实现分期上市，可按计划分期播种，每5～10天播种一期，以利均衡供应市场。

我国黄淮海地区，大棚栽培一般在1月下旬至2月中旬播种，4月上旬开始采收，若在大棚内加盖小拱棚，播期还可适当提前。中、小拱棚加地膜覆盖栽培，可于2月中旬至3月上旬播种，4月中旬开始采收。露地地膜覆盖栽培，可在3月下旬至4月上旬播种，5月中旬至6月初采收。小型品种多用平畦条播或撒播。

大型品种多采用穴播，每穴3～4粒种子。为保持地温，避免大水漫灌，播种时应先开沟洇水或先在垄背上开穴洇水，水下渗后再播种覆土。

不论利用哪种保护设施、采取哪种栽培方式，在播种前15～20天都必须把保护设施外的塑料薄膜扣好，并于夜间加盖草苫，尽量提高设施内的温度，使之不低于6℃。

4. 田间管理 播种后立即盖严塑料薄膜，夜间加盖草苫保温，保持棚室内白天气温25℃左右，夜间不低于7℃～8℃，5～7天即可出齐苗。出齐苗后可开始通风降温，白天气温控制在20℃～25℃，夜间8℃～12℃，以防幼苗徒长成为"高脚苗"；在幼苗2片真叶展开后至叶丛生长盛期，要加大通风量，防止叶丛生长过旺；肉质根膨大期温度不宜过高，温度高容易引起糠心，粗纤维增多，降低产品品质。覆盖地膜栽培的地块，出苗后要及时分期、分批破膜引苗，2～3叶期间苗，5～6叶期定苗，同时将地膜破口处用土盖严压实。

萝卜生长前期以保温为主，避免浇水，适当提高棚内温度，促进莲座叶生长，遇强冷空气时需加盖防寒物，防止萝卜长期处于8℃以下的低温环境中通过春化，发生先期抽薹现象。生长后期气温回升时，应及时通风降温，白天保持20℃～25℃，夜温10℃～13℃，视天气变化和植株生长状态逐步撤除拱棚棚膜及大棚裙膜。当外界气温稳定在20℃时即可进行露地栽培。

萝卜生长中后期不要缺水，垄沟土壤发白时适时浇水，特别是肉质根进入迅速膨大期时需水量增加，要根据土壤墒情浇水，最好采用滴灌。定苗后第一次追肥，每667米²施硝酸铵或尿素10～15千克；肉质根膨大盛期进行第二次追肥，每667米²施20～25千克三元复合肥。施肥方法：在距萝卜10厘米处穴施或开沟施入。

5. 适时采收 冬春保护地萝卜的收获期不太严格，应根据市场需要和保护地内茬口安排的具体情况确定。当肉质根横径达 5 厘米以上，单根重约 0.5 千克时，可根据市场行情随时采收，分批上市。但应注意种植品种的成熟期，避免过晚采收引起萝卜糠心。采收时叶柄留 3～4 厘米切断，经清洗、分级、整理、包装后供应市场。根据市场需求和价格，10～12 月份播种的应尽可能在元旦或春节期间集中上市，以获得较好的经济效益。

六、四季萝卜生产

（一）生长特点

四季萝卜是萝卜中的小型品种类型，一般播后 20～30 天即可采收。这类萝卜品种较耐寒，抽薹晚，生育期短，抗性强，若条件适宜可周年栽培生产，故有"四季萝卜"之称。夏季温度高、湿度大，萝卜生长较缓慢，肉质根易带苦味，导致品质下降，以 8 月份至翌年 4 月份为适播期，此期播种萝卜具有生长速度快、产量高、品质优的特点。

（二）品种介绍

1. **萨丁樱桃**　极早熟品种。圆球形，肉质根表皮鲜红色，肉白色，横径 1.5～2 厘米。单根重 15 克左右。地上部分短小，叶片少，出苗后 20～25 天收获。条播栽培时行株距为 10 厘米×5 厘米，种植过程中要保持土壤水分适中，少施氮肥，可以间作套种。利用塑料大棚、温室、露地等条件可以分期播种，分期收获。

2. **美国樱桃萝卜**　直根小，长 3.2 厘米，横径 2.8 厘米，高圆球形、皮色鲜红，形似樱桃。肉质白，致密、爽脆、风味好，辛辣味淡，适作凉拌或水果用。耐贮运。叶片茸毛细且稀疏。可炒食、煮汤，如一般叶菜，也可作凉拌菜，其味略甘苦，比较适于夏季食用。不易抽薹开花，在华北地区留种较困难，直根不易老化，播种后20～28天采收，是较理想的优良品种。

3. **特级荷兰红星樱桃** 由荷兰引进的杂交小型樱桃萝卜品种。肉质根圆形，横径2～3厘米。单株重20克左右。荷兰红星樱桃萝卜外皮红色，肉质白，根形整齐，不裂球，耐糠心，叶簇紧凑，水洗后颜色不变。从播种到收获需25天左右。此品种适应性强，喜温和气候，可周年种植。夏季种植时，应采取遮阳措施。

4. **笑脸樱桃萝卜** 小型樱桃萝卜品种，品质细嫩、生长迅速、色泽美观，地表肉质根外皮为红色，地下部分为白色。肉质根圆形，横径2厘米左右。单根重15克左右。根皮白色，生长期30天左右，适应性强，喜温和气候条件，不耐炎热。

5. **玉笋小型萝卜** 小型白萝卜品种，品质细嫩，生长迅速，色泽美观，肉质根通体白色，细长圆筒形，生长到长10～12厘米、横径1.5厘米即可收获。生长期30～35天。食味极佳，可生食和腌渍。喜温和气候条件，生长适温为15℃～25℃。

播种一般采用条播，行株距为10厘米×3厘米，播种深度为1.5厘米，种植过程中要保持土壤水分适中，不要过湿、过干，宜间作套种。春季露地栽培时可于3月中旬至5月上旬陆续播种，分期收获；秋季露地栽培可于8月下旬至9月中旬陆续播种，分期收获；春秋冬三季保护地栽培可从10月上旬至翌年3月上旬在塑料大棚、温室等条件下陆续播种，分期收获。

6. **樱桃美人** 早熟品种，果实长形，上部为红色，下部为白色，肉白色，横径1.5～2厘米。单根重15克左右。叶片少，出苗后25～30天收获。一般采用条播栽培方式，行株距为10厘米×5厘米，播种深度为1.5厘米，种植过程中要保持土壤水分适中，不要过湿、过干，少施氮肥，宜间作套种。利用塑料大棚、温室露地等条件可以陆续播种，分期收获。

7. 法国 18 天早熟樱桃萝卜　直根细长，宛如拇指大小，长5.2 厘米，宽 2 厘米。根端部白色，占直根长约 1/2，极早熟，播种后 18 天即可采收。若不及时采收，如迟于 25 天，则肉质松，易糠心。

（三）生产技术

1. 播种前的准备　选择土壤疏松、肥沃，有机质含量高、有灌溉条件的园地种植，施足基肥（用量参照秋冬萝卜生产），平整土地。四季萝卜株型小、密度大，宜采用平畦栽培。为便于管理，畦不宜太大，一般畦宽不超过 2 米，长 7～8 米。

2. 适时播种　根据市场需求、品种特性、茬口安排适时播种。四季萝卜是一种很好的填闲蔬菜作物，可用以轮作调剂茬口，提高土地利用率；同时，丰富蔬菜市场供应，增加农民收入；也可作间作或套种其他作物。播种方式采用撒播或条播，撒播每 667 米² 用种量 2 千克，播种后用齿耙轻轻耙动，使种子入土或覆盖土约 1 厘米；条播每 667 米² 用种量 1.2 千克，播后覆盖细土。为防止暴雨冲刷，播种后可用土杂粪或碎稻草覆盖。若土壤墒情不好，要播前浇水造墒或播后浇水，促进种子发芽。单作时，早秋播种宜采用遮阳网栽培，既可防暴雨又可降温。

3. 田间管理

（1）浇水　四季萝卜生长十分迅速又较为密植，需要水分较多，播种后要经常浇水，以促其快速生长，提高肉质根产量和品质。浇水宜轻，以免冲歪肉质根，尤其对肉质根露出地面的品种。播种后 10～15 天肉质根破肚并迅速膨大，需水量增大，不可缺水；采收前 2～3 天要适当控制水分，以便采收和运输。水分过多，肉质根易开裂，土壤过于干燥，则肉质根粗硬、辣味浓，品质明显下降。因此，在整个生长期浇水要均匀，忌忽干忽湿。

（2）**间苗、定苗** 播种后3～4天种子发芽出土，长出1～2片真叶时第一次间苗，拔除弱苗、拥挤苗、病虫苗；3叶1心时定苗，株间距离保持10厘米左右。过密，叶片易黄化，肉质根色泽不鲜艳；过疏，单位面积产量低。每次间苗后宜浇水1次。

（3）**追肥** 四季萝卜生长快速，除施足基肥外，还需酌情追施速效肥2～3次。第一次在2～3叶期，当有5片真叶、肉质根迅速膨大时进行第二次追肥。肥料结合浇水冲施即可。

（4）**防治病虫害** 常见有蚜虫、小菜蛾、跳甲、霜霉病、黑腐病等。由于四季萝卜生长期短，防治病虫害时宜选用高效低毒低残留的农药。

4. **适时采收** 四季萝卜播种后18～22天即可采收。一般品种在播后超过25天容易出现糠心现象，会降低食用品质。四季萝卜一般分两次采收，先熟先收，采收后立即浇水，以填补空隙，这样有利于未充分长大的植株继续生长膨大。

七、萝卜肉质根形成的生理障碍及防控

（一）肉质根的分杈、弯曲和开裂

萝卜的分杈、弯曲是在肉质根的发育过程中，侧根在特殊条件下发生膨大使直根分杈成2条甚至3～4条畸形根的现象，它严重影响了萝卜商品性状。肉质根的分杈和弯曲主要是主根生长点受到破坏或主根生长受阻而造成的侧根膨大所致。在正常情况下，侧根的功能是吸收养分和水分，一般不膨大。如果土壤耕作层太浅，或土壤坚硬、石砾块阻碍肉质根的生长就会使肉质根发生杈根或弯曲；施用未腐熟有机肥或浓度过高的肥料，也容易使主根损伤，引起肉质根分杈、弯曲；地下害虫咬断直根后也会引起分杈。另外，采用贮藏 4～5 年的陈种子播种或移植中主根受损也会使肉质根分杈或弯曲。在生产中要加强管理，避免施用未腐熟的有机肥和浓度过大的肥料，土壤要深耕晒垡，对含有较多石砾块的土壤要先进行清理再用于萝卜栽培。除特殊情况外，尽可能采用 1～2 年的新种子作为栽培用种。

肉质根开裂有纵裂、横裂和根头部的放射状开裂，开裂往往会引起肉质根木质化，并在开裂处产生周皮层。开裂主要是由供水不均匀引起的，特别是肉质根形成初期，土壤干旱，肉质根生长不良，组织老化，质地坚硬；生长后期营养和供水条件好时，木质部细胞迅速膨大，使根部内部的压力增大，而皮层及韧皮部不能相应地伸长而产生裂根现象。有时初期供水多，随后遇到干旱，以后又遇到多湿的环境也会引起开裂。因此，防止裂根现象的有效措施，就是要在肉质根形成期间均匀供水，在萝卜生长前期遇到干旱时要及时浇水，中、后期肉质根迅速膨大时则要供水均匀，切勿先旱后涝。

（二）肉质根的糠心

萝卜糠心又称空心，它不仅使肉质根重量减轻，而且使其中的淀粉、糖分、维生素含量减少，品质降低，影响加工、食用和耐藏性。糠心现象主要发生在肉质根形成的中、后期和贮藏期间，是由输导组织木质部的一些薄壁细胞对水分和营养物质的运输产生困难所致。最初表现为组织衰老，内含物逐渐减少，使薄壁细胞处于饥饿状态，产生细胞间隙，最后形成糠心状态。

糠心现象受多种因素的影响。

第一，糠心与品种有关。一般肉质致密的小型品种不易糠心，而肉质疏松的大型品种容易糠心；凡是生长速度快，肉质根膨大快，地上部与地下部比例下降快者糠心越重，反之越轻；肉质根松软、淀粉和糖含量少的品种，如翘头青等品种易糠心。

第二，糠心与环境条件有关。一般较高的日温和较低的夜温比较适宜萝卜的生长，不易发生糠心现象，如果日夜温度都高，特别是夜间温度高，就会消耗大量的同化产物，容易引起糠心；短日照条件有利于肉质根的形成，有些品种在长日照条件下往往会出现糠心现象；在肉质根形成期间如果光照不足，同化物减少，茎叶生长受到限制，会容易发生糠心现象；萝卜在肉质根膨大初期，土壤水分较多，而膨大后期遇高温干旱，会容易引起糠心现象；在肉质根膨大期供肥过多，肉质根膨大过快，会容易产生糠心现象；种植密度也会影响到糠心，密度小时，植株生长旺盛，肉质根膨大快，容易产生糠心；播期过早也会产生糠心现象。

第三，先期抽薹也是引起糠心的原因之一，由于抽薹后，营养向地上部转移，肉质根会因缺乏营养而出现糠心现象。

第四，贮藏时覆土过干、高温干燥、湿度不够，管理不善，贮藏期过长，都能使萝卜大量失去水分而糠心。

生产上要针对以上原因采取适当措施防止糠心。另外，也可以向叶面喷肥或喷适量激素防止糠心。据研究，5%蔗糖、5毫克/升的硼和50～100毫克/升的萘乙酸混合液喷施，防糠心效果较好。因此，为了防止和减轻萝卜糠心，提高萝卜的商品性和营养品质，必须从品种选择、肥水管理和贮藏环节上采取必要措施：一是选择适宜的栽培品种，适时播种，合理密植；二是采取科学的田间管理技术，合理施肥，均衡供水，在肉质根膨大期，保证养分供应充足，保持土壤湿润；三是在贮藏时覆土不要干燥，保持适宜的贮藏温度和贮藏时间。

（三）肉质根表皮粗糙和白锈现象

萝卜表面粗糙主要发生在肉质根上，在不良生长条件下，尤其是生长期延长的情况下，叶片脱落后使叶痕增多，就会形成粗糙表面。白锈是指萝卜肉质根表面，尤其是近丛生叶一端发生白色锈斑的现象。白锈是萝卜肉质根周皮层的脱落组织，这些组织一层一层的呈鳞片状脱落，因不含色素而成为白色锈斑。表面粗糙和白锈现象与萝卜的品种、播种期关系较大。播种期早发生重，晚则轻；生长期长则重，短则轻。生产上应适期播种，及时采收，以避免或减轻萝卜表面粗糙和白锈现象的发生。

（四）肉质根的辣味和苦味

萝卜中含有芥辣油，其含量适中时，萝卜风味好，含量过多则辣味加重。肉质根的辣味是由高温、干旱、肥水不足、病虫危害，以及肉质根未能充分膨大而使其内部产生过量芥辣油造成的。此外，辣味与品种也有一定关系，白萝卜就比青萝卜辣味小。苦味多是由天气炎热或偏施氮肥而磷、钾肥不足，使肉质根内产生一种含氮的碱性化合物——苦瓜素造成的。生产中应根据其发生原因加以防治，如选择品质优良、口味适中的品种，秋播适当推迟，高温炎热时采用遮阳网降温栽培，干旱时及时浇水，保证肥水的充足供应，施肥时注意氮、磷、钾肥的合理配比，及时防治病虫害等，创造良好的生长条件，都可以收到良好的防治效果。这样，既能提高萝卜的产量，又能改善萝卜的品质。

第五章
苗用萝卜及立体种植技术

一、萝卜芽生产

（一）芽苗菜的定义和种类

凡利用植物种子或其他营养储存器官，在黑暗或光照条件下直接生长出可供食用的芽苗、芽球、嫩芽、幼茎或幼梢，均可称为芽苗类蔬菜。芽苗类蔬菜根据其所利用的营养来源，又可称为籽（种）芽菜和体芽菜两类。籽芽菜主要指利用种子储藏的养分直接培育成幼嫩的芽或芽苗（多数为子叶展开，真叶"露心"），如黄豆芽、绿豆芽、蚕豆芽、长生果芽，以及龙须豌豆苗、娃娃缨萝卜苗、芦丁苦荞苗、紫苗香椿、绿芽苜蓿、双维藤菜苗、鱼尾赤豆苗等。体芽菜多指利用2年生或多年生作物的宿根、肉质直根、根茎或枝条中累积的养分，培育成芽球、嫩芽、幼茎或幼梢，如由肉质直根在黑暗条件下培育的菊苣（芽球），由宿根培育的苦荬芽、蒲公英芽、菊花脑、马兰头等（均为嫩芽或嫩梢），由根茎培育的姜芽、芦笋等（均为幼茎），以及由植物、枝条培育的树芽香椿、枸杞头、花椒芽、豌豆尖、辣椒尖、佛手瓜尖等。芽苗类蔬菜根据其产品销售的方式，还可分为离体芽苗菜和活体芽苗菜两类。前者主要是指商品成熟时以切割收获的"尖"、"脑"、"梢"、"头"、"笋"等离体产品进行销售的体芽或籽（种）芽菜；后者则指商品成熟时以整盘（盒）、整体、仍处在正常生长和成活状态的籽（种）芽菜进行销售的芽菜产品。离体芽苗菜产品适合进行采后处理，多以精致的包装、漂亮的装潢为特点，进入超市或蔬菜商店招揽顾客，而活体芽苗菜则以百分之百的鲜活为特点直接进入宾馆、饭店、批发市场和寻常百姓家。

（二）萝卜芽的特点

萝卜芽是萝卜种子在人工控制的环境条件下，生长出的芽苗直接供食用的蔬菜产品。具有以下特点。

1. 产品质量标准高　萝卜芽的生长主要靠种子中储藏的养分，产品周期短，一般只需 7 天左右。很少有病害发生，无须施肥打药，产品无污染，可较易达到绿色食品的标准。

2. 营养价值高　萝卜芽含有丰富的铁、磷、钙、钾等矿物质，大量的维生素 C、维生素 A，以及淀粉分解酶和纤维素类。淀粉分解酶有利于消化，可治疗慢性胃肠病，纤维素可促进胃肠蠕动，对治疗便秘十分有益。产品柔嫩，味道鲜美，风味独特，易于消化吸收，为老少皆宜的高档蔬菜。萝卜芽可清炒、凉拌、做汤、拌馅料、涮锅等，食用方法多样。研究发现，红萝卜籽发芽后 3 天时的维生素 C 含量最高，为 950 毫克 / 千克，明显高于萝卜肉质根含量（148 毫克 / 千克），可作为蔬菜替代品用于高寒、高海拔地区及远洋航海中蔬菜缺乏时的维生素 C 补充。

3. 适宜工厂化生产　萝卜芽生长快、周期短，只要能满足相应的温度、湿度、通风等条件，就能生产出符合市场需求的产品。因此，环境条件相对容易控制，适宜工厂化的生产。

4. 生产方式灵活多样　萝卜为半耐寒性蔬菜，幼苗适宜温度范围较广，可因地制宜，采用多种设施进行生产。如冬季利用日光温室、改良阳畦进行生产，夏季利用遮阳网进行生产，农家庭院、闲置房屋、闲散空地都可设栽培架进行生产，城镇居民还可在阳台、房屋过道等处采用盘栽、盆栽等方式进行生产，有较高的经济效益。

（三）生产环境要求

萝卜芽喜温暖湿润环境条件，不耐高温干旱，对光照要求不严格，发芽阶段不需要光，种子发芽适宜温度为20℃～25℃，芽菜生产的最低温度为14℃，生长最适温度为20℃～25℃，最高温度为30℃，空气相对湿度为75%～80%。

（四）品种选择

几乎所有的萝卜品种都可用于萝卜芽生产，但为保证生长迅速整齐、芽苗肥嫩，宜选用价格便宜、种子千粒重高、肉质根表皮绿色或白色品种的萝卜种子。不同地区生产时宜选用适应本地区自然条件的萝卜品种种子，并注意选取适应高、中、低温的不同品种，以供不同季节、不同设施条件下的周年生产。常见品种有大青皮、丰光、丰翘、国光、春红一号等。

（五）生产技术

1. **生产场地的要求**　生产场地必须具有以下条件：①应有温度保障系统，满足芽苗菜生产所需要的适宜温度。应具备能经常保持催芽的室温20℃～25℃，栽培必须具有利用日光能、水暖系统、小锅炉系统等的加温设施，以及利用逆反通风、强制通风、喷雾、湿帘降温、空调系统等的设施。②满足芽苗菜生产时忌避强光的要求。如应用大棚、温室等为生产场地，夏、秋季必须遮阴；如以房屋为生产场地，为了保证采光，要求房屋为东西走向，南北跨度不宜太大，以不超过 20 米为好，房室具有的窗户面积不应少于墙壁总面积的 1/3。光照强度，强光区不应低于 5 000 勒克斯，弱光区不得低于 200 勒克斯，如光线太弱，应补充光照。催芽室应保持黑暗条件。③具有通风设施，保证一定的湿度。催芽室和栽培室均要保持一定的空气湿度，空气相对湿度以 60%～90% 为宜。④应有充足的供水设备，自来水、贮水罐或备用水箱等水源装置，以满足芽苗菜生长对水分的要求。此外，采用房室为生产场地时，地面还应具有隔水防漏能力，并应设置排水系统。⑤考虑种子贮藏库、播种作业区、苗盘清洗区、产品处理区与种子催芽室、栽培室的统筹安排和合理布局。

2. 生产设施的准备

（1）**培养架**　萝卜芽的生长主要是利用种子储藏的养分，而且较耐弱光，所以可以充分利用空间，进行培养架式栽培。栽培架可以是金属架，也可以是竹、木结构，一般架高 160～204 厘米，架长 150 厘米，架宽 60 厘米，每层的间距为 40～50 厘米。培养架的规格，可根据自己的条件和培养容器的大小随意设计。

（2）**容器**　选用容器的原则：①大小适中，便于搬动；②底层平整，具有必要的排水孔；③形状规范，不易变形；④质地较轻，坚固耐用；⑤价格低廉。一般生产上多选用塑料育苗盘，底部有筛底状排水孔，或选用生产豆腐用的"豆腐屉"。家庭培育这类芽苗菜，可代用的容器更多，如底部有排水孔的长方形塑料花盆等；总之，各种塑料包装、金属包装、防水纸质包装，只要合乎芽苗菜生长的要求，均可用作发芽容器。

（3）**基质**　基质选用的原则：清洁、无毒、质轻、吸水力强、使用后的残留物易于处理。盘式培养需要的基质比较简单，一般用纸张、棉布、无纺布、软薄泡沫塑料、珍珠岩等。其中以各种纸张更为方便。

（4）**喷淋装置**　采用纸床栽培，床纸吸水和保水能力均有限，而种子则要求床面经常保持湿润，因而必须经常地、均匀地向苗盘和周围环境喷水或喷雾。喷雾可采用植物保护中喷药用的喷头、园艺喷壶的莲蓬喷头、淋浴喷头等。家庭生产芽苗菜可用手执式微型喷壶。

3. **生产场地和容器消毒** 萝卜芽生产分为育苗盘生产和地床播种生产。消毒方法：生产场地每平方米用 2 克硫磺密闭熏蒸10 小时。栽培容器可用 0.1%～0.2% 漂白粉混悬液或 0.3% 高锰酸钾溶液刷洗消毒，然后用清水洗干净。

4. **种子处理** 播种前种子应通过严格精选，剔除虫蛀、残破、发霉及畸形的种子。精选后的种子必须进行浸种，先在20℃～30℃的清水中淘洗 2 遍，然后浸泡，一般在达到种子最大吸水量时停止浸种。停止浸种后再用清水淘洗 2～3 遍，捞出种子，沥去浮水。

5. **播种、催芽** 将苗盘清洗干净，底部铺上纸张或 1 厘米左右的珍珠岩。然后进行撒播，要求撒播均匀，播种密度，以种子相互靠近、不重叠为宜。将播种后的苗盘摞在一起，放至培养架或地面上，在苗盘上部盖以湿麻袋等物，以保持苗盘湿度和黑暗条件，置催芽室进行催芽。

6. **出盘后的管理** 当盘内萝卜芽将要高出育苗盘时，及时摆盘上架，置于湿度较大、光线较弱、20℃～25℃条件下培养。若温度过高，则芽苗生长过速，生长周期短，芽苗细弱，产量低；若温度过低，则芽苗生长缓慢，产品形成周期长，芽菜纤维素偏多，产品较老化。芽菜的喷水应"小水勤喷"，每天喷 3～4次，避免喷而不透，或喷水过大而引起腐烂等病；水分供应不足，芽菜则会很快老化。

7. **采收** 5～6 天后，芽长 10 厘米以上，子叶平展，真叶出现，进行见光培养。第一天先见散射光，第二天可见直射光、自然光照，待叶片由黄变绿后就可采收上市了。采收时，用小刀齐盘底垫纸处割下，捆扎包装上市。

萝卜芽的生产除育苗容器外，也可席地做畦栽培。席地生产最好采用沙培法。将生产地块铲平，用砖砌宽1米、长不限的苗床；在苗床内铺10厘米厚的干净细沙，用温水将沙床喷透后即可播种，播前准备及播后管理可参照育苗盘生产。

二、叶用萝卜生产

叶用萝卜是指只食用其叶部的一类萝卜。此类萝卜根部很小，叶形琵琶状，倒长卵形或匙形，叶缘呈波状或缺裂，叶片表面无毛。耐热、耐湿，适应性强，生长快速，播种后20～25天即可采收，品质优良，全年均能栽培生产。因叶用萝卜少有病虫害，所以适合有机栽培。目前日本和我国台湾均有大面积种植，国内也引种推广，并得到迅速发展。

（一）叶用萝卜的营养价值及食用方法

叶用萝卜营养价值高，富含维生素A、维生素 B_1、维生素 B_2、维生素C，钙、磷、铁、纤维素、糖类、脂肪、蛋白质等营养成分。根据分析，100克可食鲜叶的营养成分为：热量205～331千焦，蛋白质1.8～5.2克，脂质0.1～0.7克，碳水化合物2.7～7.1克，纤维素1.1克，钙140～290毫克，磷30～65毫克，铁1.2～1.4毫克，钾420毫克，维生素A 940～3 000单位，维生素 B_1 0.08～0.4毫克，维生素 B_2 0.25毫克，维生素 B_5 0.5毫克，维生素C 70～90毫克。另含有系列脂肪酸51.4毫克。叶用萝卜维生素A含量是动物肝脏的3倍，维生素 B_1 比豆类多，维生素 B_2 是牛奶的2～3倍，维生素C含量是橘子的2～3倍，足见其维生素含量之高。

叶用萝卜食用方法多样，可做蔬菜沙拉，可做汤做馅，可做配菜也可凉拌，或煮食或炒食，味道鲜美；可与牛蒡、胡萝卜、白萝卜、香菇同煮，即中医古方"五色养生汤"。其做汤汁饮用，可提高免疫力，防癌抗肿瘤。近年来，日本科学家通过实验证明了其神奇功效，并起名"五形蔬菜养生汤"，风靡全球。

（二）品种介绍

近年来，许多单位致力于叶用萝卜品种的选育，目前我国种植的品种多从日本引进。

1. **美绿**　板叶型，叶色浓绿，叶面无茸毛，生长快速强健，全年均可种植。叶片长 20～30 厘米，叶数 6～9 片可采收。单株重 23～27 克，每平方米产量 2.8～3.9 千克。辛辣味不强，有甜味，富含胡萝卜素、维生素及钙，品质优良。

2. **绿津**　该品种生长快速旺盛，播种后 20～25 天可采收。采收时叶片 6～7 片，株高 23～25 厘米。单株重 20～21 克。株形直立，板叶，茸毛少，叶柄淡紫色，但叶柄基部色泽较浓，叶柄有弹性，不易折断，便于包装。

3. **翠津**　该品种生长迅速，长势旺盛，播种后 21～25 天即可采收。叶 6～7 片，株高 25～28 厘米。单株重 25 克左右。叶片有缺刻，茸毛极少，叶柄绿色，有弹性，不易折断，包装容易。

4. **四季美**　该品种由山西省农业科学院蔬菜研究所育成。生育期 40 天，株高 22 厘米，开展度 45 厘米，叶片数 8～9 片，叶色浅绿色，板叶，无毛，叶长 45 厘米，叶宽 11 厘米。单株平均重 230 克，每 667 米^2 产量约 1840 千克。

（三）栽培要点

选择排灌方便、土质富含有机质的沙质壤土至黏质壤土均可，而土壤 pH 值以 5.6～6.8 最佳。该品种全年均可栽培，因栽培期间短，不需太多肥料，但需氮素较多，因此以施腐熟有机质肥料为宜。耕耙土壤，充分混合后整地，畦宽 100 厘米（包括畦沟），在畦面开宽 1.5 厘米左右的播种沟，以便播种。播种距离行距 15 厘米，株距 5 厘米，每畦播 4～5 行，点播，每穴播 1～2 粒；也可撒播。

播种后 1 周左右，进行 1 次间苗，3 叶期进行第二次间苗，以免植株过密徒长，最终株距定为 10 厘米×10 厘米左右。由于叶用萝卜是浅根叶菜，土壤过于干燥易引起植株萎蔫，所以必须注意灌溉，经常保持土壤湿润状态；降雨后需迅速排水。

如遇虫害，宜采用低毒、低残留的农药防治，尽量减少施药量。干旱期容易发生黄条跳甲，应及时进行防治，并于采收前 7 天停止施药。播种至采收适期，一般为 21～30 天，植株有 6～7 片叶，株高 24～28 厘米。若过期采收，则叶纤维较粗，因此要适期采收，也可视市场行情分期采收。采收后将叶清洗干净，以 7～8 株为一小束，重量在 150 克左右。

二、立体种植技术

（一）立体种植的概念与特点

立体种植是把不同作物在一定时间与空间内组合在一起，科学合理地进行组合搭配（间、套、轮作），提高复种指数，以充分利用生长空间和时间，多层次、多茬口地进行作物生产的一种种植制度。立体种植的类型有互利共生型、生长时空互补型、前后茬互利型等。立体种植可以有效利用光能，改善通风透光条件，改善土壤结构，减少病虫害的发生和危害，进一步提高单位面积产量和经济效益。立体种植是我国传统农业的主要耕作制度之一，充分体现了我国农业精耕细作的特点。随着我国农业科学技术的发展，作物栽培技术的进步和农业生产条件的改善，立体种植已不再是作物之间简单的组合，而是充分运用农业生态学原理，集现代农业的新产品、新技术、新品种于一体的重要耕作方式，科学合理地进行作物间的搭配、组合、生产，更加注重经济效益、生态效益和社会效益。

立体种植的关键是以市场为导向，确立科学合理的作物搭配组合，选择互利的复合群体，从而最大限度地利用资源，将作物间争光、争肥、争水等方面的矛盾降至最小，从而大大提高种植效益。技术核心是建立科学的空间结构，将高秆与矮秆、喜光与耐阴、深根与浅根作物搭配种植；根据气候条件与作物生长特性建立合理的时间和空间结构，将越冬、喜凉、喜温作物分别种植于不同季节；建立科学的物种结构，不同作物间有营养互补、结构互补效应，不同科的作物间具有相生相克作用等，如豆科作物可增加土壤中氮肥，棉—蒜间套作可减轻苗期蚜虫，丝瓜—茄子、甘蓝—莴苣、韭菜—大白菜均互利，而甘蓝—芹菜、番茄—黄瓜、葱—菜豆为互斥等。

合理进行作物种类间作和轮作是成功进行立体种植的基础。随着科学技术的发展，人们发现了不同作物之间的互利或相克现象，即各种类型的植物（包括微生物之间）的生化物质相互作用。常见作物种类间作和轮作之间的合理搭配如表5-1。

表5-1 蔬菜作物种类间作、轮作的合理搭配

作 物	起促进作用的作物	受抑制的作物
萝 卜	豌豆、胡萝卜、生菜、洋葱	黄 瓜
黄 瓜	大豆、芝麻、西瓜、菜豆、玉米	番茄、马铃薯、薄荷、萝卜
番 茄	菜豆、玉米、萝卜、向日葵、洋葱、西芹、结球甘蓝、胡萝卜	玉米、马铃薯、黄瓜、茴香
玉 米	黄瓜、西葫芦、马铃薯、豆类	向日葵、番茄

续表

作　物	起促进作用的作物	受抑制的作物
马铃薯	菜豆、玉米、茄子、甘蓝	西葫芦、黄瓜、番茄、豌豆
洋葱、大蒜	甜菜、番茄、莴苣、胡萝卜、生菜	豌豆、菜豆
甘　蓝	马铃薯、芹菜、韭菜、洋葱	草莓、番茄
菜　豆	结球甘蓝、花椰菜、马铃薯、茄子、豌豆、芥菜、南瓜、西瓜、黄瓜	春小麦、大葱、洋葱、大蒜、
草　莓	菠菜、莴苣、矮生菜豆	结球甘蓝
胡萝卜	豌豆、洋葱、番茄、薄荷、萝卜	莳　萝
芹　菜	洋葱、番茄、结球甘蓝	薄　荷
细香葱	胡萝卜	豌豆、菜豆
生　菜	胡萝卜、萝卜、草莓、黄瓜	——
韭、葱	胡萝卜、洋葱、细香葱	菜豆、豌豆
豌　豆	胡萝卜、萝卜、菜豆、生菜	洋葱、马铃薯
菠　菜	豌豆、胡萝卜、生菜、洋葱	黄　瓜

立体种植有以下特点：

1. **可以充分利用空间**　如玉米行间套种速生小白菜，这时玉米利用了上层空间，速生小白菜则利用了下层的空间。茄子棚边种冬瓜，茄子利用棚内空间，冬瓜则利用棚架边的空间，架下还可种其他矮生蔬菜。

2. **可以充分利用时间**　萝卜未收就可栽茄子或辣椒等，在同一块地上同时种植两种作物且相互不受影响，而只种一种作物则只能单一作物产生效益。茄子、辣椒行间种植菠菜，施肥时两者兼得，菠菜还可为茄子、辣椒行间遮阴，保持土壤湿度。许多蔬菜间都可利用"相生相克"效应，使各自生长相互促进。

3. **可以提高单位面积经济效益**　玉米行间套种的青菜是额

外的一季，一般都是单一玉米生长，直到前茬收后再接一茬，而青菜产值有时可能比玉米还高，生长期只有 1 个月左右。

4. 对防治病虫害有重要作用　一块田地里同时种植多种蔬菜，某一种病或虫就不可能造成毁灭性危害。夏季若单种青菜，虫害和病毒病就会大面积蔓延难以防治，若青菜间作在玉米地，则病虫害蔓延就会大大减少。

（二）萝卜在立体种植中的合理安排

立体种植模式丰富多样。我国萝卜品种类型极为丰富，加上近年来从国外引进了许多优良品种可供选择利用，使得以萝卜为主的间种套作有多种方式。下面介绍的立体种植模式和管理技术，是以长江中下游地区为代表。

1. 玉米—矮生早熟菜—蔓生菜—速生菜　例如，玉米—春夏萝卜—豇豆—芹菜—菠菜，每 667 米² 可收获玉米 400～450 千克，萝卜 1 000～1 500 千克，豇豆 1 500 千克，芹菜 3 500 千克，菠菜 1 200 千克左右。

2. 越冬或春种晚春菜—玉米—秋冬菜　例如，萝卜—玉米—花椰菜，可收获玉米 400 千克，萝卜 1 000～1 500 千克，花椰菜 1 000 千克左右。

3. 小麦—速生菜—春种早夏菜—蔓生菜　例如，小麦—夏秋抗热萝卜—花椰菜，可收获小麦 500 千克，萝卜 1 500 千克，花椰菜 1 200 千克左右。

4. 水稻—速生菜—春种早夏菜—蔓生菜　例如，水稻—萝卜—青菜—春辣椒—瓠瓜，可收获水稻 600 千克，萝卜 1 000～1 500 千克，青菜 700 千克，辣椒 4 000 千克，瓠瓜 1 500 千克左右。

5. 越冬早春菜—玉米—夏种早秋菜—秋种晚秋菜—越冬菜　例如，洋葱—玉米—耐热萝卜—菜豆—豌豆头，可收获洋葱

2 500～3 000 千克，玉米 450～500 千克，萝卜 1 500～2 000 千克，菜豆 1 300～1 500 千克，豌豆头 1 200～1 500 千克。

6. 春种晚春菜—夏种早秋菜—秋种晚秋菜 例如，春萝卜—夏黄瓜—莴笋，可收获萝卜 1 000～1 500 千克，黄瓜 1 200～1 500 千克，莴笋 1 500 千克左右。

类似上述的立体种植模式还有很多，需要根据各地的实际情况进行合理安排，充分利用时间和空间，提高复种指数，提高经济效益。

（三）萝卜立体种植技术

以萝卜为主的高效立体种植需要进行合理的品种选择，并按各作物的品种类型与栽培特点，进行合理的安排与田间管理。

1. 冬春萝卜（大棚）—春夏番茄—秋黄瓜

表 5-2　萝卜、番茄、黄瓜的茬口安排

作　物	播种期（月/旬）	定植期（月/旬）	采收期（月/旬）
萝　卜	12/上	直　播	翌年 3/上～3/中、下
番　茄	12/上、中	翌年 3/中下	5/中～7/中
黄　瓜	7/中	8/中	9/下～11/中

冬春萝卜：可选用日本天春大根、韩国白玉春等耐寒、早熟、丰产、抗病的优质品种。于 12 月份穴播于大棚，每穴播种子 2 粒，株距 50 厘米，行距 40 厘米。幼苗 2 叶 1 心时定苗，每穴留壮苗 1 株。翌年 3 月中旬前后收获。

春夏茬番茄：选用合作 906、宝大 906、霞粉等早熟、丰产、抗病、耐低温弱光的粉果型品种。12 月上中旬播种育苗，翌年 1 月中旬移苗入钵，3 月中旬秧苗有 6～7 片真叶时定植，株距 30

厘米，行距50厘米。5月下旬开始上市，7月中旬采收结束。

秋黄瓜：选用津优系列等耐热、抗病性强、商品性好的品种。7月中旬直播于育苗穴盘内，并覆盖遮阳网。8月中旬定植，株距25厘米，行距55厘米。10月上中旬扣棚膜，9月份开始收获，11月份采收结束。

在萝卜生长期间气温较低，宜采用大棚内套小棚，小棚下盖地膜、上盖草苫的"三膜一苫"覆盖方式保温越冬。2月下旬以后，注意进行通风换气，以防霜霉病的发生和蔓延。春夏茬番茄采用大棚加地膜的覆盖方式，增温保温栽培，以防止生长前期寒流袭击。随着气温的升高逐渐加大通风量，防止早疫病、灰霉病的发生和蔓延。早熟品种宜采用单干整枝，中、晚熟品种宜采用双干整枝。为防止低温弱光环境条件下的生理落花落果现象，生产上普遍采用2，4-D液点花。秋茬黄瓜定植后，前期温度较高，要注意降温，中午大棚上覆盖遮阳网降温，使温度控制在25℃～30℃；10月中下旬随着气温下降，及时扣棚膜保温；11月中旬寒流来临时，早、晚都应保温防寒，晴天中午适当通风。

2. 茄子—萝卜—西芹—茼蒿

表5-3　茄子、萝卜、西芹、茼蒿的茬口安排

作　物	播种期（月/旬）	定植期（月/旬）	采收期（月/旬）
茄　子	10/中	翌年1/下～2/上	4/下～6/中
白萝卜	7/下～8/上	直　播	9/中～10/下
西　芹	7/下～8/上	9/下～10/上	11/下～12/中
茼　蒿	12/上起，分批	直　播	翌年1/中～2/下

在大棚内利用该模式每667米²可收获茄子3900千克，白萝卜3200千克，西芹5500千克，茼蒿2200千克。

茄子：可选用耐低温弱光、商品性好的品种，如苏崎茄等。播种前浸种催芽、育苗。定植后浇足水。棚室温度以25℃～30℃为宜，高于30℃要及时通风，低于25℃时不通风、寒流天气夜间可增加覆盖物保温，夜间温度不低于15℃。肥水管理前期以控为主，门茄膨大期以促为主，要及时追施尿素和磷、钾肥。进入7月份高温季节，茄子结果率和品质下降，应及时采收、拉秧、腾地，每667米² 施农家肥3500～5000千克，三元复合肥10千克；精细整地后，于7月底8月初播种萝卜。待萝卜齐苗后浇水1次，2～3片真叶期间苗，4～5片真叶期定苗，至"破肚"时追施尿素或三元复合肥10～15千克。肉质根膨大后，根据市场行情确定采收期。

西芹：选用"美国西芹"。选择土壤肥沃地块育苗。播种前用浓度5毫克/千克的赤霉素浸种，湿布包后置于冰箱内催芽，每天用凉水冲洗1～2次，经5～6天即可出芽。播前浇足底水，播后盖土厚0.5厘米。幼苗2～3片叶时间苗，株行距2～3厘米，7～8叶期移栽。定植株行距均为25厘米。定植后必须浇足水，以后视天气情况，结合施肥补水，但在收获前15天要停止施肥。

西芹采收后，即可清理田园，覆盖地膜，分期、分批播种茼蒿，12月底播种结束。一般茼蒿播种1周后即可出苗。齐苗后追肥，以氮肥为主，一般每667米² 撒施尿素5～7.5千克。幼苗期不浇水，以防倒伏，即使急需补水，也只能喷壶喷洒。当苗长至5～6厘米时方可浇水施肥。当植株长至20厘米左右，即可分批采收上市。

3. 保护地辣椒—萝卜—丝瓜　为了提高大棚蔬菜的经济效益，保护地蔬菜栽培可从单种方式转向套种，每667米² 可增收1500～2500元。现将保护地辣椒、萝卜、丝瓜的套种技术介绍如下。

（1）**品种选择**　首先要选择适合当地能正常生长发育成熟的优良品种，其次再考虑它们之间能否套种。选择的辣椒品种为六角旺，60 天后开始采收，萝卜为白玉春，70 天后开始采收，丝瓜为线丝瓜，或者用肉丝瓜 45 天后开始采收。

（2）**播前准备**　每667米^{2}施用已腐熟的鸡粪1米^3、猪粪1米^3、羊粪 2～3 米^3、磷酸二铵 250～300 千克、尿素 100～200 千克，在犁地前施入。整地要求达到"齐、平、松、碎、净、墒"的标准。

辣椒：于 1 月份在棚内整畦育苗，畦宽为 1.5～2 米，播后 4～5 天出苗，在 4 月上旬，即辣椒苗 5～6 叶期开始整地移栽。起垄移栽时，要求垄高 15～20 厘米，垄宽 55～60 厘米，垄间宽 15～25 厘米。垄起好后铺膜，然后按株距 25 厘米、行距 55～60 厘米移栽，每穴 1～2 颗苗。

萝卜：选用白玉春品种。在辣椒移栽后 5 天，点播萝卜籽。要在靠近垄边，离辣椒苗 10～15 厘米，两株辣椒苗的间隙处点种，每穴 1～2 粒种子。当萝卜苗长到 2～3 叶期间苗，6～7 叶期定苗。辣椒挂果时分批采收。

丝瓜也在辣椒移栽后 5 天、点播萝卜时播种。它要求在间隔辣椒苗两垄的垄边进行点播。每沟点播 7～8 粒种子，株距按沟长决定，每沟苗数要达到 3～4 株，7～8 叶期插架绑蔓。在丝瓜开花前后，棚内常有蚜虫和螨虫出现，将 48% 毒死蜱乳油 1 000 倍液或 10% 啶虫脒可湿性粉剂 2 000 倍液交替使用，可有效地防治蚜虫和螨虫。

辣椒、萝卜及丝瓜苗期白天温度应控制在 20℃～25℃；在开花前后，白天温度控制在 25℃～35℃，空气相对湿度 80% 以下，大棚内不能大水漫灌，只能小水勤浇，及时通风透气，逐渐扩大通风口，以免造成高温、高湿的气候环境，引起病虫害的发生。为了防治辣椒的疫病或丝瓜的叶枯病等，在辣椒移栽成活后，直到丝瓜开花前，用75％百菌清可湿性粉剂600～800倍液喷雾防治，可使病害得到有效的控制。在萝卜肉质根膨大期和丝瓜挂果期，增加浇水次数。浇水次数因土壤墒情和温、湿度而定。根据市场的需求，蔬菜具有商品价值时，及时分批、分级采收。

4. 吊瓜—萝卜—速生菜　吊瓜，学名栝楼，又称瓜蒌，是多年生草质藤本作物，上一年吊瓜地上部茎叶立冬（11月7～8日）前后即枯萎死亡，以地下块根越冬，翌年温度回升后，一般于4月底5月初从地下萌芽再生。贵州人工栽培的吊瓜7～9月份为生长旺盛期，1～5月份吊瓜对种植地光、热、水、肥等自然资源的利用率不到10％，6月份对种植地自然资源的利用率不到40％；吊瓜9月份以后不再开花结果，10月份以后，温度下降，吊瓜只能把结好的瓜养老。整个生产过程，吊瓜对自然资源的利用率较低。为了充分利用种植吊瓜地的自然资源，提高经济效益，可采用吊瓜套种萝卜套种速生菜的种植模式，该模式萝卜每667米²产量3500千克；吊瓜每667米²产量180千克；速生菜每667米²产量900千克，每年每667米²产值12360元，效益可观。

一般在3月中旬至4月上旬挖取吊瓜块根栽植到大田，苗栽的则在4月中下旬栽植，8月底9月初采收。在两行吊瓜之间套种萝卜和速生菜时，萝卜3月下旬至4月上旬播种，穴播，5月下旬至6月上旬上市；速生菜8月下旬至9月上旬播种，撒播，国庆节后上市。

（1）吊瓜的栽培技术　选择瓜型大、花纹清晰、单瓜种子多、籽粒饱满、千粒重大、适应性强的吊瓜品种种植，如越蒌2号等。春分前后挖穴，提前施入基肥，行距5米，株距1.5米，穴直径40～50厘米，深25～30厘米。每穴施腐熟的厩肥15千克或饼肥5千克，施后盖15厘米左右厚的土，耙平后苗栽或根栽。块根一般在3月中旬至4月上旬挖取，摊放在太阳下稍晒后栽植到大田；苗栽的在4月中下旬栽植，8月底9月初采收。

新生长的吊瓜选主蔓引蔓上架，上架后留取侧蔓，同时应经常理蔓，保持茎蔓向上、向前、向着同一方向生长。当年新栽种的吊瓜在坐瓜前要多次适量追肥，当苗高15厘米左右时追施1次提苗肥，即每667米^{2}用尿素1～1.2千克对水150～200升淋施；5月下旬至7月上旬再追肥2～3次，每次每穴施少量三元复合肥，此阶段若遇多雨天气则要注意排水防涝。吊瓜开花坐瓜后，要勤施、巧施薄肥，一般坐瓜后至8月下旬每隔10～15天追1次高浓度复合肥，同时要注意浇水保湿抗旱。吊瓜的主要病虫害有瓜绢螟和蔓枯病。7～9月份是瓜绢螟大量危害时期，可用2.5%溴氰菊酯乳油1500倍液喷洒防治。蔓枯病则可在发病初期用70%百菌清可湿性粉剂600倍液进行喷防，隔3～4天再喷1次。8月底9月初，当吊瓜由青绿色变淡黄转橘黄色和橘红色时，即可分批采收。

（2）**萝卜栽培技术**　萝卜选择生长期短、耐寒性强、抽薹迟、不易空心的品种，如白玉春、春白玉、白光等品种。

在两行吊瓜之间的5米空行上起3条垄，垄宽80厘米，垄间沟宽40厘米，垄与吊瓜植株相距90厘米；用起垄机做垄，起垄前在垄位置的土面上施三元复合肥60千克/667米^2；垄面做成龟背形，垄高20～25厘米、宽80厘米，再在做好的垄上覆盖地膜。

栽培春萝卜时应严格控制播种期，切不可过早播种，因萝卜在低温条件下植株易出现先期抽薹的现象。一般情况下，应在10厘米地温达到10℃以上时播种。在实际生产中，可根据当时当地气候及选用的品种灵活掌握。播种时采用穴播，先确定穴的位置，每垄播2行，行距35～40厘米，穴距26～27厘米，每667米²播种3000穴左右，每穴播2～3粒种子，播后覆盖0.5～1厘米厚的细土。

播后4～5天即可出苗，出苗后要及时分期、分批引苗出膜，幼苗2～3叶期进行间苗。播后20天左右萝卜肉质根开始膨大，此时应用泥块压住薄膜破口处，防止薄膜被顶起。播后35天左右进行1次追肥，每667米²追用三元复合肥25千克。在萝卜生长的整个生育期，加强田间管理以及病虫害防治。当肉质根直径达6厘米以上、单根重量达1千克以上时，即可分批收获上市。

（3）速生菜栽培技术　作为速生菜的叶菜类蔬菜品种很多，可选择十字花科叶菜，如小白菜、瓢儿菜等。

在两行吊瓜间的5米空行上做2畦，畦宽1.3米，畦间沟宽40厘米，沟深15厘米，畦与吊瓜植株相距1米，每667米²撒施三元复合肥35千克，并用旋耕机将土与三元复合肥拌匀。8月下旬至9月上旬播种，撒播，然后覆盖0.5～1厘米厚细土，浇透水。播后10～15天可喷施5%吡虫啉可湿性粉剂1000倍液防治蚜虫等，施用75%百菌清可湿性粉剂500倍液防治猝倒病、立枯病等。遇干旱时，洒水浇畦面。当速生菜生长30天以上，菜苗之间出现拥挤状时，间苗上市。

5. 萝卜与蔬菜作物轮间套作的其他方式

（1）冬春萝卜—春早熟丝瓜—延秋菜豆

表5-4　萝卜、丝瓜、菜豆的茬口安排

作　物	播种期（月/旬）	定植期（月/旬）	采收期（月/旬）
萝　卜	10/下～11/上	直　播	翌年2/下～3/中
丝　瓜	2/上～2/中	3/中～3/下	5/上～8/上
菜　豆	8/下～9/中	直　播	11/上～12/中

（2）冬春萝卜—夏豇豆—延秋黄瓜

表5-5　萝卜、豇豆、黄瓜的茬口安排

作　物	播种期（月/旬）	定植期（月/旬）	采收期（月/旬）
萝　卜	1/中～3/上	直　播	3/中～5/上
豇　豆	5/上～6/中	直　播	7/中～9/上
黄　瓜	8/下～9/下	直　播	10/中～12/上

（3）冬散叶生菜—春萝卜—夏黄瓜或夏番茄—延秋菜豆

表5-6　生菜、萝卜、黄瓜或番茄、菜豆的茬口安排

作　物	播种期（月/旬）	定植期（月/旬）	采收期（月/旬）
生　菜	9/下～10/下	10/下～11/下	12/上～2/上
萝　卜	12/上～翌年2/中	直　播	2/中～5/上
黄瓜或番茄	6/上；4/下～5/中	直播；5/下～6/中	7/上～9/上
菜　豆	8/下～9/中	直　播	11/上～12/中

（4）冬芹—春大白菜—夏秋萝卜—秋冬黄瓜

表5-7　芹菜、大白菜、萝卜、黄瓜的茬口安排

作　物	播种期（月/旬）	定植期（月/旬）	采收期（月/旬）
芹　菜	7/下～8/中	10/上～11/上	12/中～翌年2/下
大白菜	2/上～3/上	3/上～3/下	4/下～5/中
夏秋萝卜	5/下～7/下	直　播	7/上～9/上
黄　瓜	8/下～9/上	直　播	10/中～12/上

（5）春辣椒—夏早熟花椰菜—秋冬萝卜

表5-8　辣椒、花椰菜、萝卜的茬口安排

作　物	播种期（月/旬）	定植期（月/旬）	采收期（月/旬）
辣　椒	10/中～10/下	翌年2/上～2/中	5/上～7/下
花椰菜	6/上～6/中	7/上～7/中	9/中～10/上
萝　卜	9/中～10/上	直　播	10/下～翌年1/下

（6）春马铃薯—夏芹菜—秋青菜—冬萝卜

表5-9　马铃薯、芹菜、青菜、萝卜的茬口安排

作　物	播种期（月/旬）	定植期（月/旬）	采收期（月/旬）
马铃薯	12/上～12/下	直　播	翌年4/下～5/中
芹　菜	3/上～4/上	5/中～6/下	7/中～8/上
青　菜	7/中～8/上	直　播	8/上～9/下
萝　卜	8/中～9/下	直　播	10/下～翌年1/下

6. 萝卜和花卉轮间套作　萝卜和花卉间、轮、套作可以明显提高种植效益，现介绍几种主要栽培方式。

（1）早春萝卜—晚香石竹—小西瓜

表5-10　萝卜、香石竹、西瓜的茬口安排

作　物	播种期（月/旬）	定植期（月/旬）	采收期（月/旬）
萝　卜	1/中～3/上	直　播	3/中～5/上
香石竹	扦插育苗（5/中）	6/中	10/上～翌年3/中
西　瓜	2/上～2/中	3/中～3/下	5/上～6/下

（2）夏早熟花椰菜—郁金香—夏萝卜

表 5-11　花椰菜、郁金香、萝卜的茬口安排

作　物	播种期（月/旬）	定植期（月/旬）	采收期（月/旬）
花椰菜	6/上～6/中	7/上～7/中	9/下～10/下
郁金香		10/下～11/中	翌年 3～4 月开花 /5 月出地
萝　卜	5/下～7/下	直　播	7/下～10/上

7. 萝卜与粮食作物轮间套作　萝卜与粮食作物进行合理轮作、间作、套种，可以有效提高单位面积上土地利用率，在稳定稻、麦生产面积的情况下，增加蔬菜的种植面积，效益可明显提高。

（1）小麦—春萝卜—西瓜

表 5-12　小麦、萝卜、西瓜的茬口安排

作　物	播种期（月/旬）	定植期（月/旬）	采收期（月/旬）
小　麦	10/下	直　播	6/中
春萝卜	2/～2/下	直　播	4/下～5/上
西　瓜	4/中育苗	5/中	6～7 月

春萝卜生育期短，植株矮小，是良好的间作作物。在麦瓜两熟的间套模式中，利用麦行间的空畦抢种一茬早春速生菜，可更充分利用土地、增加经济收入。每 667 米² 可增收春萝卜 800 千克。

通常做 1.6 米宽畦，种 6 行小麦，4 行春萝卜，小麦行距 20 厘米，春萝卜行距 10 厘米，春萝卜、小麦间距 15 厘米。春萝卜采用地膜覆盖栽培，收获后移栽 1 行西瓜。

春萝卜适期早播，覆盖地膜。小麦播前整地时连同预留空畦一起整好，做成平畦，施足基肥。春季气温低而不稳，春萝卜播种过早，容易引起先期抽薹，但播种过晚，占地时间长，会延误西瓜播种或定植。播前3～5天可覆盖幅宽80厘米的地膜提温，可采用小拱棚式覆盖法。

春萝卜播后要加强管理，及时间苗，4～5叶期定苗。若基肥不足、地力差，可在肉质根膨大期追施速效化肥，每667米^{2}施磷酸二氢钾8～10千克。西瓜于4月中旬采用阳畦营养钵育大苗，培育具有5～6片真叶的幼苗。

4月中下旬，春萝卜肉质根横径3厘米以上时可陆续采收，5月上旬采收完毕。采收后将膜揭开，中耕松土，然后平铺在畦面上。5月中旬在膜上按40厘米左右的株距开穴，移栽瓜苗。3～5天后在膜下开沟浇缓苗水。中、后期管理与麦—瓜两熟间作相同。

（2）小麦—萝卜

表5-13 小麦、萝卜的茬口安排

作　物	播种期（月/旬）	采收期（月/旬）
小　麦	10/上	6/中、下
萝　卜	6/下、7/上	9/中、下

山西中部、南部地区气候温和，冬小麦是主要种植作物，一般在6月中下旬收获，于10月初再播种冬小麦。在此期间，有80～90天的土地闲置期，可以利用这段时间复播一茬耐热、抗病的夏秋萝卜。萝卜收获后及时清理田园，翻整土地，播种冬小麦。这样，不仅充分利用了土地，实现了轮作倒茬，还增加了农民收入，丰富了9月份的蔬菜淡季市场。麦茬复播萝卜栽培技术要点如下。

小麦收获后及时清理田间，翻耕土壤，耕深30厘米左右，然后平整土地、做畦。在耕翻前施足基肥，以充分腐熟的有机肥和三元复合肥为主。一般每667米^{2}撒施腐熟厩肥3 500千克左右、草木灰50千克、过磷酸钙25～30千克，或厩肥和含钾成分较高的复合肥20～25千克。为预防地下害虫的危害，同时撒施辛硫磷粉剂1千克（与土充分混合后施用）。采用垄作栽培时，不宜用平畦。一般垄距50厘米，垄底宽30厘米，垄高20厘米。这样，土壤肥沃、土质疏松，有利于肉质根的生长，提高萝卜的商品性，若遇到夏季多雨的年份还便于排水。

萝卜种植前宜选用生育期短、耐热、耐涝、抗病的品种。常用的有丰玉一代、丰光一代、夏抗40天等。

整好地后要尽可能早播。按30厘米的株距穴播，深2厘米左右，一般每穴4～5粒种子。播种时采用药土（如敌百虫、辛硫磷等）拌种，以防地下害虫。播种后除盖土外，还应进行地表覆盖，以保持土壤水分，保证出苗迅速、整齐，还可以防止暴雨后土壤板结。覆盖物可用麦秸、谷壳等，有条件的利用遮阳网覆盖，可保持田间湿而不渍，利于出苗。

夏秋萝卜栽培以基肥为主，追肥为辅，在肥水管理上宜采取以促为主的原则。播种后若天气干旱，应小水勤浇，可降低地温，保持地面湿润；若雨水偏多，大雨后需及时排涝。出苗后，旱天仍应隔3～4天浇1次小水，保持垄面湿润。结合浇水，可施1次硝酸铵或尿素，每667米^{2}施10～15千克，以补充土壤中氮肥的不足，促进幼苗生长。夏秋萝卜在间苗、定苗的管理上，宜采用多次间苗、适当晚定苗的做法，即于破心期、2～3叶期各间苗1次，而于7～8叶期定苗。此做法的优点是幼苗群体叶面积较大，覆盖地面使地温稍低，而晚定苗还有利于选留健苗和拔除病苗、弱苗。定苗后进入肉质根膨大生长期，此时要协调地上部和地下部的生长，每667米^{2}施硝酸铵、硫酸铵或尿素10～15千克并浇水，促进莲座叶和肉质根的生长。在肉质根膨大期间，天气无雨时一般每隔4～5天浇1次水，忌土壤忽干忽湿，以防裂根。

在萝卜软腐病、黑腐病发病频繁的地区，于播种前用菜丰宁拌种，每667米^{2}用量为100克。霜霉病发生时，可及时连续喷2次75%百菌清可湿性粉剂600倍液等防治。夏秋萝卜易受蚜虫、菜青虫、小菜蛾等害虫的危害。而蚜虫又是传播各种病毒病的媒介，所以要求在出苗前对邻近农作物及周边杂草上喷40%乐果乳油1 000倍液等药剂，严格防治蚜虫。出苗后也应定期喷药，严防蚜虫危害，常用的农药有抗蚜威、吡虫啉、阿维菌素等。有菜青虫、小菜蛾等虫害发生时，可喷洒辛硫磷、斑蛾清等药剂进行防治。

夏秋萝卜的收获期不十分严格，肉质根长成后，即可根据市场需求及时采收上市。

第六章
病虫害综合防控技术

一、萝卜主要病害

（一）病 毒 病

病毒病是萝卜的主要病害，各地均有分布，发生普遍，夏、秋季发病重。一般病株率 10% 左右，危害轻时影响产量，严重时发病率 30%～50%，对产量和质量都有明显影响。

1. **症状** 病株生长不良。心叶表现明脉症，并逐渐形成花叶斑驳。叶片皱缩，畸形，严重病株出现疱疹状叶。染病萝卜生长缓慢、品质低劣。另一种症状是叶片上出现许多直径 2～4 毫米的圆形黑斑，茎、花梗上产生黑色条斑。病株受害表现为植株矮化，但很少出现畸形，结荚少且不饱满。

2. **病原** 其病原有芜菁花叶病毒（TuMV）、黄瓜花叶病毒（CMV）和萝卜耳突花叶病毒（REMV）。此病毒寄主范围广，可侵染十字花科、藜科、茄科植物。

3. **传播途径** 病毒主要在病株和叶子中越冬，可通过摩擦方式进行汁液传播。在周年栽培十字花科蔬菜的地区，病毒能不断地从病株传到健康植株上引起发病。此外，REMV 和 RMV 可由黄条跳甲等传毒。TuMV 和 CMV 可由桃蚜、萝卜蚜传毒。

4. 发生规律　萝卜病毒病的发病条件与萝卜的发育阶段、有翅蚜的迁飞活动、气候、品种的抗性和萝卜的邻作等都有一定的关系。萝卜苗期植株柔嫩，若遇蚜虫迁飞高峰或高温干旱，则容易引起病毒病的感染和流行，且受害严重。适于病害发生流行的温度为 28℃左右，潜育期 8～14 天。高温干旱对蚜虫的繁殖和活动有利，对萝卜生长发育不利，植株抗病力弱，发病较严重。不同的萝卜品种对病毒的抵抗力差异很大，同一品种的不同个体发病程度也不一致。十字花科蔬菜互为邻作时病毒相互传染，发病重。萝卜与非十字花科蔬菜邻作时发病轻。另外，夏、秋季节不适当的早播也常引起病毒病的流行。

5. 综合防治

（1）农业防治　选用抗病品种，一般青皮系统较抗病，要根据茬口和市场需求选用抗病品种。秋茬萝卜干旱年份宜早播。高畦直播时，苗期多浇水，以降低地温。适当晚定苗，选留无病株。与大田作物间套作，可明显减轻病害。苗期用银灰膜或塑料反光膜、铝光纸反光遮蚜。

（2）化学防治　发病初期喷 20% 吗胍·乙酸铜可湿性粉剂 500 倍液，或 1.5% 烷醇·硫酸铜乳剂 1 000 倍液。每隔 10 天左右防治 1 次，连续防治 3～4 次。在苗期防治蚜虫和跳甲。

（二）黑腐病

萝卜黑腐病俗称黑心病、烂心病，是萝卜最常见的病害之一。各地均有发生，秋播比春播发病重。生长期和贮藏期均可引起黑腐病危害。主要危害萝卜的叶和根，萝卜根内部变黑，失去商品性，造成很大损失。

1. 症状　主要危害叶和根。

（1）**叶片**　幼苗期发病子叶感病，病原菌从叶缘侵入引起发病，叶初呈黄色萎蔫状，之后逐渐枯死。幼苗发病严重时，可导致幼苗萎蔫、枯死或病情迅速蔓延至真叶。真叶感病时会形成黄褐色坏死斑，病斑具有明显的黄绿色晕边，病健界限不明显，且病斑由叶缘逐渐向内部扩展，呈"V"形，部分叶片发病后向一边扭曲。之后继续向内发展，叶脉变黑呈网纹状，逐渐整叶变黄干枯。病原沿叶脉和维管束向短缩茎根部发展，最后使全株叶片变黄枯死。

（2）**根**　萝卜肉质根受侵染，透过日光可看出暗灰色病变。横切看，维管束呈黑褐色放射线状，严重发病时呈干缩的空洞。黑腐病导致维管束溢出菌脓，可与缺硼引起的生理性变黑相区别。另外，留种株发病严重时，叶片枯死，茎上密布病斑，种荚瘦小，种子干瘪。

2. **病原**　黑腐病病原为野油菜黄单胞杆菌野油菜黑腐病致病型，属细菌性病害。这种病原可以侵染萝卜、白菜类、甘蓝等多种十字花科蔬菜。

3. **发生规律**　初侵染源主要来自以下几个方面。

（1）**带菌种子**　萝卜细菌性黑腐病是一种种传病害，种子带菌率为 0.03% 时就能造成该病害的大规模暴发。在染病的种株上，病菌可从果柄维管束或种脐进入种荚或种皮，使种子带菌。种子是黑腐病的重要初侵染源之一。

（2）**土壤及病残体**　在田间，黑腐病菌可以存活于土壤中或土表的植物病残体上，该病原菌在植株病残体上存活时间可达 2～3 年，而离开植株残体，该细菌在土壤中存活时间不会超过 6 周，带茎的植物病残体是该病在田间最主要的初侵染源。

（3）**杂草**　尤其是一些十字花科杂草是细菌性黑腐病菌的寄主，如芜菁、印度芥菜、黑芥、芥菜、野生萝卜、大蒜芥等，田间及田块周围的带菌的杂草也是该病的初侵染源之一。

4. 传播途径

（1）**种子传播**　从黑腐病侵染循环中可以看出，种子是病害发生的重要初侵染源。商品种子的快速流通，使得该病在我国大面积发生。

（2）**雨水飞溅和灌溉水传播**　雨季来临时，随着雨水的地表径流及雨滴的飞溅，导致该病原菌传播到感病寄主上，从其伤口、气孔及水孔进行侵染；田间灌溉时，灌溉水水滴飞溅将土壤、病残体中的病原菌传播到感病寄主上进行侵染。在潮湿条件下，叶缘形成吐水液滴，病菌聚集在吐水液滴中，水滴飞溅也可导致病原菌传播到相邻植株上。

（3）**生物媒介传播**　田间昆虫取食感病植株，可将该病原菌传播至其他作物上导致感病。此外，部分昆虫取食时在作物叶片上造成伤口，为病原菌的侵染也创造了条件。

（4）**农事操作传播**　植株种植过密或生长过旺时进行农事操作，使株间叶片频繁摩擦造成大量伤口，增加了病原菌侵染的机会。农事操作人员在操作后未及时更换鞋子、手套，未对农机具消毒等，使得病原菌从有病株传播到无病株，或传播到另一个田块，使得该病原菌在田间传播蔓延。同时，不恰当的农事操作也会造成该病原菌在田间的进一步传播，如田间病残体及杂草未及时清除，或清除后仍然堆放于田块周围，没及时进行焚烧或深埋等处理，进一步增加了该病原菌传播与侵染的机会。

5. 流行因素　细菌性黑腐病在温暖、潮湿的环境下易暴发流行。温度 25℃～30℃、地势低洼、排水不良，尤其是早播、与十字花科作物连作、种植过密、粗放管理、植株徒长、虫害发生严重的田块发病较重。

6. 综合防治

（1）**农业防治**　目前农业防治仍然是细菌性黑腐病防控的主要方式。

①使用无菌种子且对种子进行消毒　从无病田或无病株上采种。播前对种子进行消毒，用50℃热水浸种25分钟或50%代森锌水剂200倍液浸种15分钟以杀死种子表面携带的多种致病菌。

②注意田园清洁　发现病株作物或杂草，应立即拔除，并将其深埋或带到田块外烧毁。

③加强田间管理　平整地势，改善田间灌溉系统，与非十字花科作物轮作，避免种植过密，植株徒长，加强田间虫害的防控。

（2）**综合防治**　细菌性病害传播很快，短时间内就能在生产田中造成大规模暴发流行。对该病害的防治应以预防为主，在作物发病前或发病初期施药，能较好地控制病害的发生和病原菌的传播。

①生物防治　使用生物农药，用3%中生菌素可湿性粉剂600倍液于幼苗2～4叶期进行叶面喷雾，隔3天喷1次，连续喷2～3次。

②化学防治　常用防治药剂及方法：用50%噁霉灵可湿性粉剂1 200～1 500倍液，或70%甲基硫菌灵可湿性粉剂1 500倍液，或77%氢氧化铜可湿性粉剂400～500倍液，或20%噻菌铜悬浮剂600～700倍液喷雾或灌根。田间喷药可在一定程度上减慢黑腐病的传播。同时，用药量及用药时间应严格掌握，中午及采收前禁止用药，否则易造成药害。黑腐病发病初期也可喷施50%多菌灵可湿性粉剂1 000倍液，隔7天喷1次，连续喷2～3次。感病前可喷施植物抗病诱导剂苯并噻二唑，该药剂离体条件下无杀菌活性，但能够诱导一些植物的免疫活性，起到抗病、防病的作用。大田喷施50%苯并噻二唑水分散粒剂，每公顷使用该药剂有效成分不超过35克，隔7天喷1次，连续喷4次，能够减少作物发病。

（三）软 腐 病

软腐病又称白腐病，是萝卜的一般性病害。各地都有发生，多在高温时期发生。主要危害根、茎、叶柄或叶片。

1. 症状　软腐病主要危害根茎，叶柄、叶片也会发病。苗期发病，叶基部呈水渍状，叶柄软化，叶片黄化萎蔫。成熟期发病，叶柄基部水渍状软化，叶片黄化下垂。短缩茎发病后向萝卜根发展，引起中心部腐烂，发生恶臭，根部多从根尖开始发病，出现油渍状的褐色病斑，发展后根变软腐烂，继而向上蔓延使心叶呈黑褐色软腐，烂成黏滑的稀泥状。肉质根在贮藏期染病会使部分或整体变成黑褐软腐状。采种株染病后外部形态往往无异常，但髓部完全溃烂变空，仅留肉质根的空壳。植株所有发病部位除表现黏滑烂泥状外，均发出一股难闻的臭味。萝卜得软腐病时维管束不变黑，以此可与黑腐病相区别。

2. 病原　病原为胡萝卜软腐欧文菌胡萝卜软腐致病型。这种病原可以侵染十字花科、茄科、百合科、伞形花科及菊科蔬菜。病原主要在土壤中生存，条件适宜时从伤口侵入进行初侵染和再侵染。

3. 发生规律　病菌主要在留种株、病残体和土壤里越冬，成为翌年的初侵染源。萝卜软腐病的发病与气候、害虫和栽培条件有一定的关系。该菌发育温度范围为2℃～41℃，适温为25℃～30℃，50℃条件下经10分钟可将其致死。耐酸碱度范围为pH值5.3～9.2，适宜pH值7.2。多雨高温天气，病害容易流行。植株体表机械伤、虫伤、自然伤口皆利于病菌的侵入。同时，有的害虫体内外携带病菌，是传播病害的媒介。此外，栽培条件也与病害发生有一定的关系，如高畦栽培比平畦栽培发病轻。凡施用未腐熟的有机肥料，土壤黏重，表土瘠薄，地势低洼，排水不良，大水漫灌，中耕时伤根以及植株生长衰弱等，植株发病均较重。与寄主作物如十字花科、茄科等作物连作或邻作时，病原来源多，也使其发病较重。

4. **综合防治**　萝卜软腐病的防治应以加强耕作和栽培控制措施为主，适当配合施药。

（1）**选用良种**　选用抗病品种。

（2）**农业防治**　加强栽培管理，最好与禾本科作物、豆类和葱蒜类等作物轮作；平整土地，清沟整畦，采取高畦栽培；浇水实行沟灌，严防大水漫灌，这样可排水防涝，减少发病，但盐碱地不宜采用此法；加强肥水管理；农事操作中避免植株形成伤口；及时中耕除草，保持土壤一定湿度。

（3）**化学防治**　发现病株要立即拔出，并喷药保护，防止病害蔓延。发病初期用生石灰和硫磺（50∶1）混合粉按150克/米² 撒于地面，进行土壤消毒。常选用硫酸链霉素100～200毫克/升，或14%络氨铜水剂300～350倍液等，每隔10天左右防治1次，共防治1～2次。

（四）霜 霉 病

霜霉病是萝卜的一种主要病害，发生普遍，可造成其产量和品质严重下降，病害流行年份损失较大，秋冬萝卜一般比夏秋萝卜发病重。

1. **症状**　霜霉病在萝卜的整个生育期均可发病，从植株下部向上扩展。

（1）**叶片**　发病初期，叶片正面出现褪绿小黄点，叶背面呈水浸状。发病中期，叶片病斑受叶脉限制形成多角形或不规则形，直径3～7毫米，淡黄色至黄褐色。湿度大时，在叶片背面密生白色霉层，即病菌的孢囊梗和孢子囊。病害严重发生时，多个病斑连接在一起，导致叶片变黄干枯。叶缘上卷是其重要的病症。

（2）**茎部** 发病时现黑褐色不规则状斑点。

（3）**根部** 受害部位表面产生灰褐色或灰黄色稍凹陷的斑痕，贮藏时极易引起腐烂。

（4）**采种株** 主要危害种荚，产生淡褐色不规则形病斑，上有白色霉状霉层。

2. **病原** 病原为寄生霜霉，属卵菌门霜霉属。病原在病残体、土壤中和采种株体内越冬。冬季田间种植十字花科蔬菜的地区，病原在这些寄主体内越冬，并在病残体、土壤和种子表面越夏。病原经风雨传播蔓延，从植株表面侵入。

3. **发生规律** 一般认为，菜田土壤中病枯叶内的卵孢子和种子内潜伏的菌丝是初次侵染的主要来源。此外，初侵染源还来自以下 3 个方面。

（1）**种子带菌** 卵孢子附着在种子表面越冬或越夏，成为下茬或翌年初侵染来源，侵染幼苗。春季发病的中后期，病组织上形成大量的卵孢子，这些卵孢子只需经 1～2 个月的休眠，环境条件适宜时即可萌发。

（2）**病残体带菌** 卵孢子随病残体在土壤中越冬，在土壤中可存活 3 年，条件适宜时仅需 2 个月就可萌发，卵孢子萌发时会产生芽管，从幼苗茎部侵入，并造成局部侵染，菌丝体向上延伸到子叶及第一对真叶，随后在其叶背面产生白色霉状霉层。

（3）**越冬种株带菌** 萝卜种株经贮藏以后，种株根头部可以带菌，病菌随气流传播，遇到适宜条件便可侵染蔓延。

4. **传播途径**

（1）**气体传播** 菌丝体在种株及田间残余病株上越冬，翌年菌丝萌发产生孢囊梗，孢囊梗从气孔伸出产生孢子囊，孢子囊随气流传播。在新寄主上，病菌从表皮、气孔或伤口处进入侵染。

（2）**雨水和灌溉水传播** 雨季来临或进行灌溉时，土壤或病残体中的病原菌随水滴飞溅或径流传播到附近健康植株，或在田块内传播。

（3）**种子传播** 研究发现一般感病品种种子带菌率都比较高，种子内的潜伏菌丝可以造成幼苗局部的侵染。

5.发病原因

（1）**温度** 温度是影响霜霉病流行的重要因素，它决定病害出现的早晚和发展速度。孢子萌发适温为7℃～13℃，侵入适温为16℃，而菌丝的发育需要较高的温度，适温为20℃～24℃。因此，15℃～25℃有利于该病病害发生，在24℃～25℃条件下病斑发展最快，高于25℃或低于14℃不利于病害发生。

（2）**湿度** 湿度决定了病害发展的严重程度，在日照不足、田间高湿条件下，病害发生严重。尤其在多雨、多雾、日夜温差大时，病害极易流行。空气相对湿度在95%以上时病害严重发生。

6.综合防治

（1）**农业防治**

①选择抗病品种及无病种子 选择无病田或无病植株留种，防止种子带菌。

②田园清洁 清除、焚烧或深埋感病植株和杂草，以减少初侵染源。及时清除田间病株老叶，减少再侵染源。

③田间管理 播前精细整地，深翻土壤，与非十字花科作物实行2年以上轮作。播种前必须施腐熟的农家肥，施足基肥，增施磷、钾肥，化肥分期使用。采用高畦栽培，及时排水，以减少田间湿度。

④覆盖地膜 采用地膜覆盖栽培，一方面可防止地下病残体带菌传播，另一方面可减低地面空气湿度，从而降低霜霉病的发病率。

（2）**生物防治** 发病初期，选用活孢子1.5亿个／克木霉菌（快杀菌）可湿性粉剂400～800倍液喷雾防治，每隔7～10天喷

1 次，连喷 3～5 次，可有效防治霜霉病。

（3）化学防治

①药剂拌种　播种前，可以使用 65% 代森锰锌可湿性粉剂或 75% 百菌清可湿性粉剂拌种，药量为种子重量的 0.3%～0.4%，以减少种子表面的病菌。

②药剂防治　发病初期可以有效控制病害的发生与防治。选用 50% 烯酰·锰锌可湿性粉剂 1 000 倍液，整株喷施，5～7 天防治 1 次，连续喷雾 3～4 次。此外，常用的药剂还有 50% 霜脲氰可湿性粉剂 1 500 倍液，或 72.2% 霜霉威水剂 800 倍液，5～7 天喷雾 1 次，连续施用 2～3 次。喷药必须细致周到，特别是要喷到叶片背面。注意交替轮换使用不同类型药剂，避免单一用药使病菌产生抗药性。

（五）白 锈 病

萝卜白锈病常与霜霉病并发，在全国各地均有分布，是长江中下游、东部沿海、西南湿润地区、内蒙古、吉林等地十字花科蔬菜的重要病害。该病可危害叶、茎、花梗、花、荚果。一般发病率为 5%～10%，重病田高达 50% 左右。从苗期到结荚期均有发病，以抽薹开花期发病最重。

1. **症状**　叶片被害后先在正面表现淡绿色小斑点，随后变黄，在相对的叶背长出稍突起、直径 1～2 毫米的乳白色疱斑即孢子堆。疱斑零星分散，成熟后表皮破裂，散出白色粉状物，即病原菌的孢子囊。发病严重时病斑密布全叶，致叶片枯黄脱落。茎及花梗受害后会肥肿弯曲呈龙头状，其上长有椭圆形或条状乳白色疱斑。被害花呈肥大畸形，花瓣变绿似叶状，经久不凋落，不结荚，并长有乳白色疱斑。病荚果细小、畸形，也有乳白色疱斑。

2. **病原**　大孢白锈菌属鞭毛菌亚门真菌。该菌菌丝无分隔，蔓延于寄主细胞间隙。孢子囊梗短棍棒状，其顶端着生链状孢子囊。孢子囊卵圆形至球形，无色，萌发时会产生 5～18 个具双鞭毛的游动孢子。卵孢子褐色，近球形，外壁有瘤状突起。孢子囊萌发最适温度 10℃，最高 25℃，侵入寄主最适温度为 18℃。

3. **发生规律** 病菌以菌丝体在种株或病残组织中越冬，卵孢子也可以在土壤里越冬或越夏。带菌的病残体和种子是主要的初侵染源。白锈菌在 0℃～25℃均可萌发，以 10℃为适。该病多在纬度、海拔高的低温地区发生，低温年份或雨后发病重，如内蒙古、云南等地此病有上升趋势，一年中以春、秋两季发生多。

4. **综合防治**

（1）**轮作** 与非十字花科蔬菜隔年轮作，可减少菌量，减轻发病。

（2）**选用无病种子，进行种子处理** 从无病株上采种。可用 10% 的盐水选种，清除秕粒、病籽，选无病、饱满种子留种；用 50% 福美双可湿性粉剂或 75% 百菌清可湿性粉剂拌种，用药量为种子重量的 0.4%。

（3）**改善和加强栽培管理** 适时适量追肥，增施磷、钾肥，增强植株抗性；及早摘除发病茎叶或拔除病株，减少田间菌源，减轻病害。

（4）**药剂防治** 在发病初期及时施药，重点抓住苗期和抽薹期防治。常用药剂有：25% 甲霜灵可湿性粉剂 800 倍液，或 58% 甲霜·锰锌可湿性粉剂 500 倍液，或 64% 噁霜·锰锌可湿性粉剂 500 倍液等，或 40% 琥铜·甲霜灵可湿性粉剂 600 倍液，每 10～15 天喷药 1 次，防治 1～2 次即可。也可用 75% 百菌清可湿性粉剂 600 倍液，或 65% 代森锌可湿性粉剂 500 倍液，或 50% 胂·锌·福美双可湿性粉剂 500～800 倍液，或 50% 福美双可湿性粉剂 500 倍液，或 50% 克菌丹可湿性粉剂 500 倍液，或

1:1:200 波尔多液等。在病害流行时，隔 5～7 天喷药 1 次，连续喷 2～3 次。

（六）黑 斑 病

黑斑病是萝卜的一种普遍病害，各地均有分布。严重时病株率可达 80%～100%，严重影响产量和品质。

1. 症状　黑斑病主要危害叶片，叶面受害后初生黑褐色至黑色稍隆起小圆斑，扩大后边缘呈苍白色，中心部淡褐至灰褐色病斑，直径 3～6 毫米，同心轮纹不明显，湿度大时病斑上生淡黑色霉状物，即病原菌分生孢子梗和分生孢子。病部发脆易破碎，发病严重时叶片局部枯死。采种株叶、茎、荚均可发病，茎及花梗上病斑多为黑褐色椭圆形病斑。

2. 病原　萝卜黑斑病病原为萝卜链格孢，属半知菌亚门真菌。病菌以菌丝体或分生孢子在病叶上存活，是全年发病的初侵染源。此外，带病的萝卜种子的胚叶组织内也有菌丝潜伏，可借种子发芽侵入根部。

3. 发生规律　黑斑病在南方一些地区可周年发生。在北方病菌主要以菌丝体在病残体、土表、窖藏萝卜，以及种子表面和留种病株上越冬，这也是翌年田间发病的初侵染源。病菌分生孢子借助气流、雨水和灌溉水传播，由植株气孔或表皮直接侵染。温湿度条件适宜时，病原侵染后 1 周左右便可产生大量分生孢子，成为当年重复侵染的重要病原。该病发病的适温为 25℃，最高 40℃，最低 15℃。

4. 综合防治

（1）种子处理　用种子重量 0.4% 的 50% 福美双可湿性粉剂，或 40% 克菌丹可湿性粉剂、75% 百菌清可湿性粉剂、50% 异菌脲可湿性粉剂拌种，进行种子消毒。

（2）农业防治　大面积轮作，收货后及时翻晒土地，清洁田园，减少田间菌源。加强管理，提高萝卜抗病力和耐病性。

（3）**化学防治** 发病前喷 75% 百菌清可湿性粉剂 500～600 倍液，或 50% 异菌脲可湿性粉剂 1 000 倍液，或 50% 腐霉利可湿性粉剂 1 500 倍液，或 58% 甲霜·锰锌可湿性粉剂 500 倍液，或 64% 噁霜·锰锌可湿性粉剂 500 倍液，或 40% 敌菌丹可湿性粉剂 600 倍液，或 80% 代森锰锌可湿性粉剂 600 倍液，隔 7～10 天喷 1 次，连续 3～4 次，可有效防治黑斑病的发生。

（七）炭 疽 病

炭疽病是萝卜的常见病害，主要危害叶片，采种株茎、荚也可受害。

1. 症状 被害叶初生针尖大小水渍状苍白色小点，后扩大为 2～3 毫米的褐色小斑，后病斑中央褪为灰白色半透明状，易穿孔。严重时多个病斑融合成不规则深褐色较大病斑，致叶片枯黄。茎或荚上病斑近圆形或梭形，稍凹陷。湿度大时，病斑产生淡红色黏质物，即病菌分生孢子。

2. 病原 炭疽病病原为希金斯刺盘孢，属半知菌亚门真菌。

3. 发生规律 病菌以菌丝体随病残体遗留在地面越冬，或以菌丝体、分生孢子附着在种子上越冬，或寄生在白菜、萝卜等作物采种株及其他越冬十字花科蔬菜上。翌春温、湿度条件适宜时，病菌侵染春季小白菜，再经夏季小白菜，至秋季危害大白菜、萝卜。田间因雨水冲洗病株上的分生孢子，将其溅落到邻近健康植株上引起侵染。秋菜收获后病菌又以菌丝体、分生孢子的形式在地表的病残体或在种子上越冬，成为翌年初侵染源。秋季高温、多雨时发病重。

4. 综 合 防 治

（1）**种子处理** 用 50℃温水浸种 20 分钟，然后移入冷水中冷却，晾干播种。

（2）**清洁田园**　收获后及时清除病残体。

（3）**适期晚播**　重病区适期晚播，避开高温多雨的早秋病害易发期。

（4）**化学防治**　发病初期喷洒 50% 甲基硫菌灵可湿性粉剂 500 倍液，或 50% 多菌灵可湿性粉剂 500 倍液，每 7～8 天喷 1 次，连续喷洒 2～3 次。

（八）青 枯 病

萝卜青枯病主要在南方地区发生。

1. **症状**　萝卜受害后，病株地上部分发生萎蔫，叶色变淡，开始萎蔫时早晚还能恢复，数日后则不能恢复，直至死亡。病株的须根为黑褐色，主根有时从水腐部分截断，其维管束组织变褐。

2. **病原**　萝卜青枯病的病原为茄科劳尔氏菌。青枯病菌在 10℃～41℃下生存，在 35℃～37℃繁殖最为旺盛。青枯病菌为阴性菌，对直流电、原子氧、次氯酸表现敏感。根际环境中若含有微量的原子氧、臭氧就能氧化掉病菌的鞭毛，改变病菌的数量、活性。

3. **发生规律**　病菌随病残体在土壤里越冬，成为翌年初侵染源。病菌由植株根部或茎基部伤口侵入，借水传播再侵染。高温、高湿有利于病害流行。植株表面结露，有水膜，土壤含水量较高，气温保持在 18℃～20℃，均是病菌侵染的有利条件，暴风雨后病害发展快。

4. **综 合 防 治**

（1）**轮作**　以农业措施为主，连年重病田最好与禾本科作物轮作 3 年，如与水稻轮作，1 年即可。

（2）**发现病株及时拔除**　病穴撒消石灰进行消毒，酸性土壤可结合整地，每 1 000 米^{2}撒消石灰 75～150 千克。

（3）**品种选择** 根据品种抗性差异，选用抗病品种。

（4）**化学防治** 发现病株要立即拔除，并喷药保护，防止病害蔓延。常用药剂有：硫酸链霉素可溶性粉剂 100～200 毫克/升等。

（九）根 肿 病

萝卜根肿病是一般性病害，该病具有传染性强、传播速度快、传播途径多、防治困难等特点，这使得根肿病在我国蔓延迅速，从而影响萝卜的产量及品质。

1. **症状** 根肿病主要危害根部。发病初期病株生长迟缓、矮小、黄化。基部叶片常在中午萎蔫、早晚恢复，后期基部叶片变黄枯死。病株根部出现肿瘤是本病最显著的特征。萝卜及芜菁等根菜类受害后多在侧根上产生肿瘤，一般主根不变形或仅根端生瘤。病根初期表现光滑，后期龟裂、粗糙，易遭受其他病菌侵染而腐烂。由于根部形成肿瘤，严重影响植株对水分和矿质营养的吸收，从而致使地上部分出现生长不良甚至枯死的症状。但后期感染的植株或土壤条件适合寄主生长时，病株症状轻微、不易觉察，根上的肿瘤也很小。

2. **病原** 根肿病是由芸薹根肿病菌侵染所致，是重要的根部病害。主要以休眠孢子囊黏附在种子、病残体上，或散落在田间、土壤中越冬或越夏；部分病原菌的休眠孢子在未腐熟的粪肥中存在，后随着有机肥的施用带入田间。休眠孢子囊在土壤中的存活能力很强，一般至少可以存活 8 年，环境适宜时可以存活 15 年以上，越冬和越夏后的休眠孢子可在田间进行传播。

3. **发生规律** 土壤偏酸（pH 值 5.4～6.5），土壤含水量 70%～90%，气温 19℃～25℃有利于发病；9℃以下，30℃以上很少发病；在适宜条件下，经 18 小时，病菌即可完成侵入；低洼地及水田改的旱菜地发病较重；种子一般不带菌；植株受侵染越早发病越严重。

4.传播途径

（1）近距离传播

①雨水及灌溉水传播　病原菌的休眠孢子随雨水及灌溉水在田间由高地势向低洼地势传播。例如，高山种植的十字花科作物发生根肿病后，土壤中根肿病的休眠孢子会随雨水或灌溉水的地表径流传到山下或者地势较低洼的田地，同时，大雨及流水也能把带菌泥土传送到较远的地区。

②土壤中的线虫及昆虫传播　病原菌的休眠种子可以借助土壤中的线虫、昆虫等的活动在田间近距离传播。

③农事操作传播　农事操作人员在发生根肿病的田块进行农事活动后携带病残体及病土，可使病原菌在本田传播，同时也可从一块田地传到另一块田地；耙地及耕地时农机具携带病残体或带有根肿菌的土壤，也是造成根肿病菌在田间近距离传播的途径之一。

④土粪肥传播　病区土壤中有大量的病残体及休眠孢子，施用未腐熟充分的土粪肥时，会把大量病原菌带入田中导致无病田块发病。所以，这也是造成该病原菌近距离传播的途径之一。

⑤家禽及家畜传播　农村粗放饲养的家禽及家禽携带病土或病残体在田间活动也会造成病原菌在近距离及远距离的传播。

（2）远距离传播　
带病植株大范围远距离的调运是根肿病菌远距离传播的主要途径；农机具携带病残体及带菌土壤远距离移动也是造成病原菌远距离传播的途径之一；商品菜根部携带病土及病残体随着市场流通，跨县、市、省远距离运输，是造成根肿病大面积扩散的主要途径。

5.综合防治

（1）实行轮作　
发病重的菜地要实行5～6年轮作。春季可与茄果类、瓜类和豆类蔬菜轮作，秋季可与菠菜、莴苣和葱蒜类蔬菜轮作。有条件地区还可实行水旱轮作。

（2）**加强栽培管理**　采用高畦栽培，并注意田间排水；勤中耕、勤除草，施用充分腐熟的有机肥，增施有机肥和磷肥，以提高植株抗病性；及时拔除病株并携带至田外烧毁，防治病菌蔓延；农事操作人员在对发病田进行农事操作后应及时对鞋子、衣服、农机具等进行消毒，防止病原菌带入无病田块。

（3）**改良土壤酸碱度**　通过适量增施生石灰调整土壤酸碱度，使其变成微碱性，可以明显地减轻病害。可以在种植前7～10天将生石灰粉均匀地撒在土面，也可穴施。在菜地出现少数病株时，用15%石灰乳少量灌根也可制止病害蔓延。

（4）**太阳能消毒**　利用地膜覆盖和太阳能辐射，使带菌土壤增温数日，可高温消灭部分病菌，起到减轻发病的作用。

（5）**化学药剂防治**　可用75%百菌清可湿性粉剂于定苗前畦面均匀条施，另外，苯菌灵、代森锌也有较好的防治效果。

二、萝卜主要虫害

（一）小　菜　蛾

小菜蛾属鳞翅目、菜蛾科，又称菜蛾、方块蛾、两头尖。全国各地均有发生，南方危害较重。小菜蛾主要危害萝卜、甘蓝、花椰菜、油菜、青菜等十字花科蔬菜，是十字花科蔬菜上最普遍、最严重的害虫之一。初龄幼虫仅能取食叶肉，留下表皮，叶片上形成透明的斑块，3～4龄幼虫可将菜叶食成孔洞或缺刻，严重时全叶被吃成网状。幼虫常集中在心叶危害，影响包心。在留种菜上，小菜蛾主要危害嫩茎、幼种荚和籽粒，影响结实。

1.形态特征

（1）**成虫**　为灰褐色小蛾，体长6～7毫米，翅展12～15

毫米，翅狭长，前翅后缘呈黄白色三度曲折的波纹，两翅合拢时呈 3 个连接的菱形斑。前翅缘毛长，翅起如鸡尾。

（2）**卵** 扁平，椭圆状，黄绿色。

（3）**幼虫** 老熟幼虫体长约 10 毫米，黄绿色，体节明显，两头尖细，腹部第 4～5 节膨大。

（4）**蛹** 长 5～8 毫米，黄绿色至灰褐色，茧薄如网。

2. **发生特点** 华北地区每年发生 4～6 代，合肥每年发生 10～11 代，广东 20 代。长江及其以南地区无越冬、越夏现象。长江以北地区，成虫在十字花科蔬菜、留种蔬菜及田边杂草中越冬，幼虫多数在菜心里越冬，蛹多数在菜株中部或叶片背面越冬。小菜蛾在北方于 5～6 月份及 8 月份呈 2 个发生高峰，长江流域和华南各省以 3～6 月份和 8～11 月份为次高峰期。此虫害秋季重于春季。蛾的发育适宜温度为 20℃～30℃。高温干燥条件有利于小菜蛾发生。十字花科蔬菜种植面积大、复种指数高的地区小菜蛾发生严重。成虫昼伏夜出，白天仅在受惊扰时在株间做短距离飞行。该虫对黑光灯及糖醋液有较强的趋性。日平均温度 18℃～25℃、空气相对湿度 70%～80%，适宜该虫生长发育。成虫喜欢在高大茂密的作物上产卵，所以肥水条件好、长势旺盛的蔬菜地受害也重。幼虫活泼、动作敏捷，受惊时向后剧烈扭动、倒退或吐丝下落。

3. **综 合 防 治**

（1）**农业防治** 避免十字花科蔬菜周年连作，以免虫源周而复始发生。对菜田加强管理，及时防治，避免将虫源带入本田。蔬菜收获后，要及时处理残株落叶，及时翻耕土地，可消灭大量虫源。

（2）**生物防治** 释放菜蛾绒茧蜂、姬蜂。每 667 米^2 放性引诱剂芯 7 个，把塑料膜 4 个角绑在支架上并盛水，诱芯用铁丝固定在支架上弯向水面，距水面 1～2 厘米，塑料膜距离蔬菜

10～20厘米。诱芯每30天换1个。

（3）**物理防治**　利用成虫趋光性，在其发生期，采用频振式杀虫灯或黑光灯，可诱杀大量小菜蛾，减少虫源。

（4）**化学防治**　卵孵化盛期至2龄前喷药，每667米^{2}用30毫升2.4%阿维·高氯微乳剂防治，或用2.5%多杀霉素乳油60～80毫升，或1.8%阿维菌素乳油30～50毫升对水20～50升，或4.5%高效氯氰菊酯乳油15～30毫升，或48%毒死蜱乳油100～150毫升对水20～50升喷雾。

（二）斜纹夜蛾

斜纹夜蛾属鳞翅目、夜蛾科，又称莲纹夜蛾、莲纹夜盗蛾，俗称乌头虫、夜盗虫。全国各地均有发生，是一种食性很杂的暴食性害虫，危害多种蔬菜和农作物。幼虫食叶、花蕾、花和果实，严重时可将全田作物吃光；在甘蓝、白菜上可蛀入叶球、心叶，并排泄粪便，造成蔬菜污染和腐烂，使之失去商品价值。

1.形态特征

（1）**成虫**　成虫体长14～20毫米，翅展35～40毫米，体深褐色，胸部背面有白色丛毛，腹部侧面有暗黑色丛毛。前翅灰褐色，内、外横线灰白色波浪形，中间有3条白色斜纹，后翅白色。

（2）**卵**　卵扁平半球形，初产时黄白色，后转淡绿色，孵化前紫黑色，外覆盖灰黄色绒毛。

（3）**幼虫**　老熟幼虫体长35～50毫米。幼虫共分6龄。头部黑褐色，胸腹部的颜色变化大，如土黄色、青黄色、灰褐色等，从中胸至第九腹节背面各有1对半月形或三角形黑斑。

（4）**蛹**　蛹长15～30毫米，红褐色，尾部末端有1对短棘。

2.发生特点　华北地区每年发生4～5代，长江流域每年发生5～6代。斜纹夜蛾是一种喜温性害虫，发育适宜温度

28℃～30℃，危害严重时期为6～9月份，长江流域多在7～8月份大发生。成虫昼伏夜出，以晚上8～12时活动最盛，有趋光性，对糖、酒、醋液及发酵物质有趋性。卵多产在植株中部叶片背面的叶脉分叉处，雌虫每次产卵3～5块，每块100多粒。大发生时幼虫有成群迁移的习性，有假死性。高龄幼虫进入暴食期后，一般白天躲在阴暗处或土缝中，在傍晚出来危害。老熟幼虫在1～3毫米深表土内或枯枝败叶下化蛹。

3. 综 合 防 治

（1）**农业防治**　清除田间及地边杂草，灭卵及初孵幼虫。利用成虫卵成块、初孵幼虫群集危害的特点，结合田间管理进行人工摘卵，消灭集中危害的幼虫。

（2）**物理防治**　用糖醋液或胡萝卜、豆饼等发酵液，加入少许红糖进行诱杀。利用成虫的趋光性、趋化性进行诱杀。采用黑光灯、频振式灯诱蛾。

（3）**化学防治**　最佳防治期是卵孵化盛期至2龄幼虫始盛期。药剂可用0.8%甲氨基阿维菌素苯甲酸盐乳油1500倍液，或48%毒死蜱乳油800～1000倍液等进行防治。为了延缓斜纹夜蛾抗药性的产生，应注意交替使用不同农药，少用拟除虫菊酯类药剂；采用低容量喷雾，除了植株上要均匀施药以外，植株根际附近地面要同时喷透，以防漏治滚落地面的幼虫。

（三）菜 青 虫

菜青虫即菜粉蝶幼虫。菜粉蝶属鳞翅目、粉蝶科，又称菜白蝶、白粉蝶。菜粉蝶在各地均有发生，为蔬菜上最常见的重要害虫之一，危害萝卜、油菜、甘蓝、花椰菜、白菜等十字花科植物。

1. 形 态 特 征

（1）**成虫**　成虫体长12～20毫米，灰黑色；翅展45～55

毫米，白色，顶角灰黑色，雌蝶前翅有 2 个显著的黑色圆斑，雄性仅有 1 个显著的黑斑。

（2）**卵**　卵瓶状，高约 1 毫米，宽约 0.4 毫米，表面具纵脊及网格，初产卵乳白色，后变橙黄色。

（3）**幼虫**　幼虫体色青绿，背线淡黄色，腹面绿白色，体表密布小黑色毛瘤，沿气门线有黄色斑。幼虫共 5 龄。

（4）**蛹**　蛹体长 18～21 毫米，纺锤形，中间膨大而有棱角状突起，蛹体有绿色、棕褐色等色。

2. **发生特点**　菜青虫以食叶危害。初龄幼虫在叶背啃食叶肉，残留表皮，呈小型凹斑。幼虫 3 龄以后将叶吃成孔洞或缺刻，严重时仅残留叶柄和叶脉；同时，排出大量虫粪，污染叶面和菜心，并引起腐烂，降低蔬菜的产量和质量。菜青虫发育的最适气温为 20℃～25℃，适宜空气相对湿度 76% 左右，因此，在北方 4～6 月份和秋季 8～10 月份是菜青虫发生的两个高峰。夏季由于高温干旱，菜青虫的发生会呈现一个低潮。

3. **综合防治**

（1）**农业防治**　在十字花科蔬菜收获后及时清除田间残株败叶并耕翻土地，消灭附着在上面的卵、幼虫和蛹。压低夏季虫口密度，减轻秋菜受害程度。春季萝卜栽培宜选用生育期短的品种，并配合地膜覆盖等早熟栽培技术，使收获期提前以避开菜粉蝶发生盛期，减轻危害。

（2）**生物防治**　菜粉蝶已知天敌在 70 种以上，如卵期有广赤眼蜂，幼虫期有菜粉蝶绒茧蜂，蛹期有蛹蝶金小蜂等。捕食性天敌有胡蜂、隐翅虫、猎蝽、黄蜂、步甲、草蛉、瓢虫、蜘蛛等。

（3）**化学防治**　用 2.5% 鱼藤酮乳油 600 倍液，或 0.65% 茼蒿素水剂 400～600 倍液喷雾，喷施生物农药时间应比化学药剂提前 3 天左右。也可选用 20% 氰戊菊酯乳油 3 000 倍液，或 18% 阿维·烟碱水剂 50 毫升/667 米^2，或 1.8% 阿维菌素乳油

30～50 毫升 /667 米 ^{2} 对水 20～50 升，或 10% 联苯菊酯乳油 3 000 倍液，或 50% 辛硫磷乳油 1 000 倍液等喷雾防治。

（四）萝卜蚜

萝卜蚜属同翅目蚜科，全国广泛分布，又名菜蚜、菜缢管蚜，常与桃蚜混合发生，是世界性害虫。萝卜蚜是以十字花科为主的寡食性害虫，喜食叶面毛多而蜡质少的蔬菜，如萝卜、白菜等。

1. 形态特征　蚜虫均有有翅型和无翅型之分。

（1）有翅胎生蚜　长卵形。长 1.6～2.1 毫米，宽 1 毫米。头、胸部黑色，腹部黄绿色至绿色，腹部第一、第二节背面及腹管后有 2 条淡黑色横带（前者有时不明显），腹管前各节两侧有黑斑，身体上常被有稀少的白色蜡粉。额瘤不明显。翅透明，翅脉黑褐色。腹管暗绿色，较短，中、后部膨大，顶端收缩，约与触角第五节等长，为尾片的 1.7 倍，尾片圆锥形，灰黑色，两侧各有长毛 4～6 根。

（2）无翅胎生蚜　卵圆形。长 1.8 毫米，宽 1.3 毫米。黄绿色至墨绿色。额瘤不明显。触角较体短，约为体长的 2/3。胸部各节中央有一黑色横纹，并散生小黑点。腹管和尾片与有翅蚜相似。

2. 发生特点　蚜虫对蔬菜的危害可分直接危害和间接危害。直接危害是蚜虫以成虫和若虫吸食寄主植物体内的汁液，造成叶片褪绿、变黄、萎蔫，甚至整株枯死。间接危害是其排泄物（蜜露）可诱发煤污病的发生，影响叶片的光合作用，轻则植株不能正常生长，重则致植株死亡。此外，蚜虫又是多种病毒病的传播者，只要蚜虫吸食过感病植株，再移到无病植株上，短时间内植株即可染毒发病。

3. 综合防治　控制蚜虫危害一定要做好预防工作。因蚜虫繁殖能力强，蔓延迅速，所以必须及时防治，防止蚜虫传播病毒。为了直接防治蚜害，策略上应重点防治无翅胎生雌蚜，一般要求将其控制在点、片发生阶段。为了防蚜、防病，策略上要将蚜虫控制在毒源植物上，消灭在迁飞之前，即在蚜虫产生有翅蚜虫之前防治。可采取以下措施。

（1）农业防治

①选用良种 选用抗病虫品种。

②合理规划布局 大面积的萝卜田应尽量选择远离十字花科蔬菜田、留种田，以及桃、李等果园，以减少蚜虫的迁入。

③清洁田园 结合积肥，清除杂草。萝卜收获后及时处理残株败叶。结合中耕打落老叶、黄叶，并将其立即带出田间加以处理，这样可消灭大部分蚜虫。

（2）物理防治 利用蚜虫对银灰色有趋避作用的习性，采用银色反光塑料薄膜或银灰色防虫网避蚜，以免有翅蚜迁入传毒。此外，还可结合银灰膜用黄板诱蚜，在田间插入刷有不干胶的黄板，可诱杀有翅蚜，减少蚜虫危害。

（3）生物防治 蚜虫的天敌很多，捕食性天敌有草蛉、七星瓢虫、蜘蛛、隐翅虫等，每天每头天敌可捕食80～160头蚜虫，以虫治虫，对蚜虫有一定的控制作用。平时应尽量少用广谱性杀虫剂，以保护天敌。也可用苏云金杆菌乳剂喷雾，以菌治虫。

（4）化学防治 由于蚜虫繁殖快，蔓延迅速，所以必须及时防治。蚜虫体积小，多种农药对其都有防除效果。常选用50%抗蚜威可湿性粉剂2 000倍液，或20%氰戊菊酯乳油2 000～3 000倍液，或25%溴氰菊酯乳油3 000倍液等药剂喷雾。因蚜虫多着生在心叶和叶背面，因此要全面喷到，而且在用药上尽量选择兼有触杀、内吸、熏蒸三重作用的农药。

（五）菜螟

菜螟又称萝卜螟、菜心野螟、甘蓝螟、白菜螟、吃心虫、钻心虫、剜心虫等，属鳞翅目、螟蛾科，是世界性害虫。国内大部分省、直辖市都有分布，南方各省发生比较严重。菜螟主要危害萝卜、大白菜、甘蓝等十字花科蔬菜。尤其是秋播萝卜受害最重，白菜、甘蓝次之。菜螟是一种钻蛀性害虫，可危害幼苗心叶，受害幼苗因生长点被破坏而停止生长或萎蔫死亡，从而造成缺苗断垄，以致减产。

1. 形态特征

（1）**成虫** 成虫为褐色至黄褐色的近小型蛾子。体长约 7 毫米，翅展 16～20 毫米；前翅有 3 条波浪状灰白色横纹和 1 个黑色肾形斑，斑外围有灰白色晕圈。

（2）**幼虫** 老熟幼虫体长约 12 毫米，黄白色至黄绿色，背上有 5 条灰褐色纵纹（背线、亚背线和气门上线），体节上还有毛瘤，中、后胸背上毛瘤单行横排各 12 个，腹末节毛瘤双行横排，前排 8 个，后排 2 个。

2. 发生特点 菜螟每年发生的世代数由南向北逐渐减少。主要以老熟幼虫在遮风向阳、干燥温暖的土里吐丝，缀合土粒和枯叶，结成丝囊在内越冬。也有少数菜螟以蛹越冬。菜螟的发生与环境条件有着密切的关系。一般较适宜于高温、低湿的环境条件。菜螟秋季能否造成猖獗危害，与这一时期的降水量、湿度和温度密切相关。据武汉市农业科学院研究所资料，日平均温度在 24℃左右、空气相对湿度 67% 时有利于菜螟发生。若气温在 20℃以下，空气相对湿度超过 75%，则幼虫可大量死亡。菜螟幼虫喜危害幼苗，据调查，3～5 叶期时着卵最多。因此，萝卜 3～5 片真叶期与菜螟幼虫盛发期相遇，此期受害最严重。此外，地势较高、土壤干燥、干旱季节灌溉不及时，都有利于菜螟的发生。

3. 综合防治

（1）**农业防治** 深耕翻土、清洁田园，消灭部分越冬幼虫，减少虫源；合理安排茬口，尽量避免连作，以减少田间虫源；适当调节播种期，尽可能使3～5片真叶期与菜螟幼虫盛发期错开，如南方可适当延迟播种；在间苗定苗时，及时拔出虫苗；在干旱年份早晨和傍晚勤浇水，增大田间湿度，既可抑制害虫，又可促进菜苗生长，可收到一定的防治效果。

（2）**化学防治**　此虫是钻蛀性害虫，喷药防治必须抓住幼虫孵化期和成虫盛发期进行。可采用40%氰戊菊酯乳油6 000倍液，或20%甲氰菊酯乳油、2.5%联苯菊酯乳油3 000倍液，或2.5%氯氟氰菊酯乳油4 000倍液，或20%氰戊·杀螟松乳油2 000～3 000倍液等，每隔7天喷1次，连续喷2～3次，效果较好。

（六）黄曲条跳甲

黄曲条跳甲属鞘翅目、叶甲科，又称菜蚤子、黄曲条菜跳甲、黄条跳甲、地蹦子，是世界性害虫，也是萝卜的主要害虫。成虫、幼虫均可危害。成虫常群集在叶背取食，被害叶面布满稠密的椭圆形小孔洞，并可形成不规则的裂孔，尤以幼苗受害最重；刚出土的幼苗，子叶被吃后整株死亡，造成缺苗断垄。在留种地该虫主要危害花蕾和嫩荚。幼虫在土中危害根部，咬食主根皮层，形成不规则的条状疤痕，也可咬断须根，使作物地上部分萎蔫而死。萝卜受害后形成许多黑色蛀斑，最后变黑腐烂。

1. **形态特征**

（1）**成虫**　成虫体长1.8～2.4毫米，为黑色小甲虫，鞘翅上各有1条黄色纵斑。后足腿节膨大，善跳，胫节和跗节黄褐色。

（2）**幼虫**　老熟幼虫体长约4毫米，长圆筒形，黄白色。

（3）**卵**　卵长约0.3毫米，椭圆形，淡黄色，半透明。

（4）**蛹**　蛹长约2毫米，椭圆形，乳白色。

2. **发生特点**　成虫有趋光性，对黑光灯敏感，成虫寿命长，产卵期达 30～45 天，发生不整齐，世代重叠。卵散产于植株周围湿润的土壤间隙中或细根上。每头雌虫平均产卵 200 粒左右，卵孵化需要较高的湿度。北方 1 年发生 3～5 代，南方 7～8 代，各地均以春、秋两季发生严重，且秋季重于春季，湿度高的田块高于湿度低的田块，盛夏高温季节发生数量较少，对作物危害较轻。

3. 综合防治

（1）**农业防治**　清洁田园，消灭害虫越冬场所和食料基地，控制害虫越冬基数，压低越冬虫量；播前深耕晒土，创造不利于幼虫生活的环境条件，并兼有灭蛹作用。

（2）**物理防治**　黄板对黄曲条跳甲有较好的诱杀效果。一般每 667 米^{2}使用 25 厘米×30 厘米的黄板 20～25 张，以黄板底部低于菜叶顶部 5 厘米或与菜叶顶部平行时的诱杀效果最好。

（3）**化学防治**

①幼虫防治　幼虫防治一般采用土壤处理，即在耕翻播种时，每 667 米^{2}均匀撒施 5% 辛硫磷颗粒剂 2～3 千克以灭杀幼虫，但应注意掌握其安全间隔期。

②成虫防治　黄曲条跳甲成虫善跳跃，遇惊吓即跳走，多在叶背、根部土壤处等栖息，取食一般在早晨和傍晚，阴雨天不太活动。因此，在施药过程中一是四周先喷，包围圈式杀虫，防止成虫逃窜，喷药时动作宜轻，勿惊扰成虫。二是要适时喷药，温度较高时成虫大多数潜回土中，一般可在上午 7～8 时或下午 5～6 时（尤以下午为好）施药，此时成虫出土后活跃性差，药效好。萝卜出苗后 20～30 天，可喷药杀灭成虫。可选用 2.2% 甲氨基阿维菌素苯甲酸盐微乳剂 1 000～1 200 倍液，或 50% 辛硫磷乳油 1 000 倍液，或 40% 啶虫脒水分散粒剂 800～1 000 倍液均匀喷雾，进行围歼防治。每 7～10 天防治 1 次，注意交替用药和药剂的安全间隔期。

（七）菜 蝽

菜蝽别名斑菜蝽、花菜蝽、姬菜蝽、萝卜赤条蝽等，属半翅目，蝽科，菜蝽的寄主是十字花科蔬菜，其中受害最重的是甘蓝、萝卜、芥菜、油菜。

菜蝽的成虫和若虫均以刺吸式口器吸食寄主植物的汁液，特别喜欢刺吸嫩芽、嫩茎、嫩叶、花蕾和幼荚。它们的唾液对植物组织有破坏作用，并阻碍糖类的代谢和同化作用的正常进行，被刺处会留下黄白色至微黑色斑点。幼苗子叶期受害严重者会萎蔫干枯死亡；受害轻者，植株矮小。在抽薹开花期受害者，花蕾萎蔫脱落，不能结荚，或结荚籽粒不饱满，使菜籽减产。菜蝽身体内外还能携带十字花科蔬菜细菌性软腐病的病菌，从而引发软腐病的发生。

1.形态特征

（1）**成虫** 成虫椭圆形，体长6～9毫米，体色橙红或橙黄，有黑色斑纹。头部黑色，侧缘上卷，橙色或橙红。前胸背板上有6个大黑斑，略成两排，前排2个，后排4个。小盾片基部有1个三角形大黑斑，近端部两侧各有1个较小黑斑，小盾片橙红色部分呈"Y"形，交会处缢缩。翅革片具橙黄色或橙红色曲纹，在翅外缘形成2个黑斑；膜片黑色，具白边。足黄、黑相间。腹部腹面黄白色，具4纵列黑斑。

（2）**卵** 卵鼓形，初为白色，后变灰白色，孵化前灰黑色。

（3）**若虫** 若虫无翅，外形与成虫相似，虫体与翅均有黑色与橙红色斑纹。

2.发生特点

华北地区每年发生2代，以成虫在地下、土缝、落叶、枯草中越冬，3月下旬开始活动，4月下旬开始交尾产卵。早期产的卵在6月中、下旬发育为第一代成虫，7月下旬前后出现第二代成虫，大部分为越冬个体。5～9月份是成虫、若虫的主要危害时期。成虫多于夜间产卵在叶背，单层成块。若虫共 5 龄，高龄若虫适应性较强。

3. 综 合 防 治

（1）农业防治　冬耕和清理菜地，可消灭部分越冬成虫。

（2）人工摘除卵块

（3）化学防治　以防治成虫为上策，其次是防治若虫。可用增效氰戊·马拉松乳油 4 000～6 000 倍液，或 2.5% 溴氰菊酯乳油 3 000 倍液，或 50% 氯氰·辛硫磷乳油 3 000 倍液，或 20% 氰戊菊酯乳油 4 000 倍液等。

（八）蛴　　螬

蛴螬俗称白地蚕、白土蚕、地狗子等，是金龟子幼虫的别称，属鞘翅目，鳃金龟科。各地普遍发生。蛴螬主要取食植物的地下部分，尤其喜食柔嫩多汁的各种蔬菜苗根，可咬断幼苗的根、茎，使蔬菜幼苗致死，造成缺苗断垄。近年来，由于禁用有机氯农药等原因，蛴螬在地下害虫危害中已上升为首位，发生普遍，虫口密度也很大。

1. 形态特征　蛴螬体肥大，体形弯曲呈 C 形，多为白色，少数为黄白色。头部褐色，上颚显著，腹部肿胀。体壁较柔软多皱，体表疏生细毛。头大而圆，多为黄褐色，生有左右对称的刚毛，刚毛数量的多少常为分种的特征。

2. 发生规律　成虫交尾后 10～15 天产卵，卵产在松软湿润的土壤内，每头雌虫可产卵 100 粒左右。蛴螬年生代数因种、因地而异。这是一类生活史较长的昆虫，一般 1 年发生 1 代，或 2～3 年 1 代，长者 5～6 年 1 代。如大黑鳃金龟 2 年 1 代，暗黑鳃金龟、铜绿丽金龟 1 年 1 代，小云斑鳃金龟在青海省 4 年 1 代，大栗鳃金龟在四川甘孜地区则需 5～6 年 1 代。蛴螬共 3 龄，1、2 龄龄期较短，3 龄龄期最长。

3. 综合防治

（1）加强预测预报　由于蛴螬为土栖昆虫，生活于地下，具隐蔽性，并且主要在作物苗期猖獗发生，所以一旦发现植株受害，往往已错过防治适期。为此，必须加强预测预报工作。

（2）农业防治　深秋或初冬翻耕土地，可减轻翌年的危害；合理安排茬口，如前茬为豆类、花生、甘薯和玉米，常会引起蛴螬的严重发生；避免施用未腐熟的厩肥，合理施用化肥，碳酸氢铵、腐殖酸铵、氨化过磷酸钙等散发出的氨气对蛴螬有一定驱避作用；合理灌溉，蛴螬发育最适宜的土壤相对含水量为 15%～20%，如持续过干或过湿，则使其卵不能孵化，幼虫致死。

（3）化学防治　要选用 50% 辛硫磷乳油 1 000 倍液，或 25% 增效喹硫磷乳油 1 000 倍液喷洒或灌根。

（九）地　　蛆

地蛆是花蝇类的幼虫，别名根蛆。危害萝卜的地蛆有萝卜蝇和小萝卜蝇两种，属双翅目，花蝇科。萝卜蝇和小萝卜蝇仅危害十字花科蔬菜，以白菜和萝卜受害最重。在萝卜上幼虫不但危害表皮，造成许多弯曲通道，还能蛀入萝卜内部造成孔洞，并致其腐烂，失去食用价值。小萝卜蝇多由叶柄基部向菜心部钻入并向根部啃食，根、茎相接处受害更重。小萝卜蝇从春天开始危害蔬菜，秋季常与萝卜蝇混合发生。但小萝卜蝇只发生在局部地区，数量不多，危害也不重。

1. **形态特征**　各种地蛆的成虫均为小型蝇类，其形态很相似，但与家蝇的区别明显。身体比家蝇小而瘦，体长 6～7 毫米，翅暗黄色。静止时，两翅在背面叠起后盖住腹部末端。以种蝇为例：成虫的雌、雄之间除生殖器官不同外，头部有明显区别，雄蝇两复眼之间距离很近，雌蝇两复眼之间距离很宽。卵乳白色，长椭圆形。蛹是围蛹，红褐或黄褐色，长5～6毫米，尾部有7对小突起。幼虫小蛆的尾部是钝圆的，与蚕幼虫相似，呈乳白色。

2.发生规律　萝卜蝇为1年发生1代，小萝卜蝇为3代。

3.综合防治

（1）**农业防治**　有机肥要充分腐熟，施肥时要做到均匀深施，种子和肥料要隔开。也可在粪肥上覆盖一层毒土，或粪肥中拌一定量的药剂。此外，秋季翻地也可杀死部分越冬蛹。

（2）**化学防治**

①防治成虫　在成虫发生初期开始喷药，用50%辛硫磷乳油1000倍液，或2.5%溴氰菊酯乳油3000倍液喷雾，每隔7～8天喷1次，连喷2次。药要喷在植株基部及周围表土上。

②防治幼虫　已发生地蛆危害的田地，可用药剂灌根。灌根的方法是向植株根部周围灌药，可将50%辛硫磷乳油500倍液装在喷壶（除去喷头）或喷雾器（除去喷头片）中灌根。

（十）小地老虎

小地老虎属鳞翅目、夜蛾科，又称土蚕、地蚕、黑土蚕、黑地蚕。小地老虎属世界性害虫，也是萝卜的主要害虫之一，国内各地皆有不同程度发生，是一种迁飞性、暴食性害虫，危害以幼苗为主。刚孵化的幼虫常常群集在幼苗的心叶或叶背上取食，把叶片咬成小缺刻或网孔状。幼虫3龄后把幼苗近地面的茎部咬断，致使整株死亡，造成缺苗断垄，严重的甚至毁种。

1.形态特征

（1）**成虫**　成虫体长16～23毫米，翅展42～54毫米，体暗褐色。前翅内、外横线均为双线黑色，呈波浪形，前翅中室附近有1个肾形斑和1个环形斑。后翅灰白色，腹部黑色。

（2）**幼虫**　老幼虫体长42～47毫米，体背粗糙，布满龟裂状皱纹和黑色微小颗粒。幼虫共6龄。

（3）蛹　蛹长 18～23 毫米，赤褐色，有光泽，第 5～7 腹节背面的刻点比侧面的刻点大，臀棘为短刺 1 对。

2. 发生特点　年发生代数由北至南不等。成虫夜间活动、交尾产卵，卵产在 5 厘米以下矮小杂草上。成虫对黑光灯及糖醋液等趋性较强。老熟幼虫有假死习性，受惊缩成环形。小地老虎喜温暖及潮湿的条件，最适发育温度为 13℃～25℃，在河流、湖泊地区或低洼内涝、雨水充足及常年灌溉地区，均适合小地老虎的发生。尤其在早春菜田及周围杂草多的地块，发生严重。

3. 综合防治

（1）农业防治　早春清除菜田及周围杂草，并带到田外及时处理或沤肥，消灭部分卵或幼虫。

（2）诱杀防治　利用黑光灯或糖醋液诱杀成虫；用毒饵或堆草、泡桐树叶诱杀幼虫。

（3）药剂防治　地老虎 1～3 龄幼虫期抗药性差，且暴露在寄主植物或地面上，是药剂防治的适期。可选用 90% 敌百虫可溶性粉剂 800 倍液，或 50% 辛硫磷乳油 800 倍液，或 2.5% 溴氰菊酯乳油 3 000 倍液，或 10% 氯氰菊酯乳油 1 500～3 000 倍液，或 20% 氰戊菊酯乳油 3 000 倍液等。

三、综合防治

综合治理是对有害生物进行科学管理的体系，它从农业生态系总体出发，根据有害生物与环境之间的相互联系，充分发挥自然控制因素的作用，因地制宜协调应用必要的措施，将有害生物控制在经济允许水平之下，以获得最佳的经济、生态和社会效益。综合防治的特点：一是从生态全局和生态总体出发，以预防为主，强调利用自然界对病虫的控制因素，达到控制病虫发生的目的。二是合理运用各种防治方法，使其相互协调，取长补短，它不是许多防治方法的机械拼凑和综合，而是在综合考虑各种因素的基础上，确定最佳防治方案。综合治理并不排斥化学防治，但应尽量避免杀伤天敌和污染环境。三是综合治理并非以"消灭"病虫为准则，而是把病虫控制在经济阈值允许水平之下。四是综合治理并不是降低防治要求，而是把防治技术提高到安全、经济、简便、有效的高度。五是在治理策略上从重视外在干扰，发展到依靠系统内在的调控。六是治理目标从减少当季的病虫危害损失，发展到长期持续控制病虫危害，强调经济、生态和社会效益的协调统一，当前利益与长远利益的协调统一。综合防治措施坚持"预防为主，综合防治"的植保方针，以农业防治为基础，协调运用生物防治、物理及生化诱杀技术和科学用药等，逐步实现病虫害的可持续控制。

（一）农业措施

利用农业生产中的各种管理手段和栽培技术，通过对蔬菜作物生态系统的调整，创造有利于蔬菜生长发育和有益生物生存繁育而不利于病虫害发生的环境条件，从而避免或减轻病虫害。选用优良品种、抗（耐）病虫品种，并对种子消毒。用温水浸种或采用药剂拌种和种衣剂包衣等进行种子处理，消除种子中携带的病原菌及虫卵，减少侵染源。选用配套的栽培技术，做到良种配良法，充分发挥品种抗性等综合性能，显著减轻病虫害的发生，有利于蔬菜的高产优质，这是防治病虫害最经济有效的方法。目前，萝卜的抗霜霉病、病毒病、黑腐病品种已经得到广泛应用。改进栽培方式，合理轮作、间作、套种，加强管理，控制露地、温室、大棚等的生态条件，如改良土壤、深耕细作、合理密植、科学施肥、地膜覆盖、深沟高畦、微灌、通风降湿、高温闷棚消毒等措施都可减轻病虫害的发生。

（二）物理和化学防治

1. **物理防治** 物理防治即利用物理因子和机械作用减轻或避免有害生物对蔬菜作物的危害。物理因子包括温度、湿度、光照、放射性激光等。

（1）**设施防护** 保持设施的通风口或在门窗处罩上防虫网，夏季覆盖塑料薄膜、防虫网和遮阳网，可避雨、遮阴、防病虫侵入。

（2）**诱杀** 利用害虫的趋避性进行防治。如黑光灯可诱杀300多种害虫，频振式杀虫灯既可诱杀害虫又能保护天敌，悬挂黄色黏虫板或黄色机油板诱杀蚜虫、粉虱及斑潜蝇等，糖醋液诱杀夜蛾科害虫，地铺或覆盖银灰色膜或银灰色拉网、悬挂银灰色膜可趋避害虫等。

（3）**臭氧防治** 保护地可利用臭氧发生器定时释放臭氧来防治病虫害。

2. **化学防治** 化学防治具有高效、快速、大面积防治等优点。为保障萝卜优质、高产，化学防治无论是现在还是将来，在综合防治中都会占有重要地位。蔬菜上常用的施药方法有喷雾法、喷粉法、撒施和沟施、穴施、种子处理、灌溉法、熏蒸法、毒饵法等。使用化学农药是防治蔬菜病虫害的有效手段，特别是病害流行、虫害暴发时，更是有效的防治措施。化学防治关键在于科学合理的用药，正确选用药剂，既要防治病虫害，又要减少污染，把蔬菜中的农药残留控制在允许的范围内。根据病虫害种类、农药性质，可采用不同的杀菌剂和杀虫剂来防治，做到对症下药。所有使用的农药都必须经过农业部农药鉴定机构登记，不要使用未取得登记和没有生产许可证的农药，特别是无厂名、无药名、无说明的伪劣农药。禁止使用高毒农药、高残留农药，选用无毒、无残留或低毒、低残留的农药。

（三）生物防治

生物防治就是利用天敌生物、昆虫致病菌、农用抗生素及其他生物防制剂等控制蔬菜病虫害的发生，减轻或避免病虫害的危害。生物防治可直接取代部分化学农药的应用，减少化学农药的用量。生物防治不污染蔬菜和环境，有利于保持生态平衡和绿色食品产业的发展。

1. **以虫治虫** 如用赤眼蜂防治菜青虫、小菜蛾、斜纹夜蛾、菜螟等鳞翅目害虫；草蛉可捕食蚜虫、粉虱、叶螨等多种鳞翅目害虫卵和初孵幼虫；丽蚜小蜂可防治白粉虱；捕食性蜘蛛可防治螨类；瓢虫、食蚜蝇也是捕食性天敌，可防治多种害虫。

2. **以菌治虫** 如苏云金杆菌、白僵菌、绿僵菌可防治小菜蛾、菜青虫；用细菌农药苏云金杆菌制剂防治菜青虫、棉铃虫等鳞翅目害虫的幼虫；用苏云金杆菌制剂与病毒复配的复合生物农药威敌可防治菜青虫、小菜蛾，用量为每 50 克 /667 米^2，防治效果达 80% 以上；用座壳孢菌剂防治温室白粉虱；昆虫病毒，如甜菜夜蛾核型多角体病毒可防治甜菜夜蛾；棉铃虫核型多角体病毒，可防治棉铃虫和烟青虫；小菜蛾和菜青虫颗粒体病毒可分别防治小菜蛾和菜青虫；阿维菌素类抗生素、微孢子虫等原生动物也可杀虫。

3. **以抗生素治虫** 10% 浏阳霉素乳油对螨类的触杀作用较强，持效期 7 天，对天敌安全。可用 1 000 倍液在叶螨发生初期开始喷药，每隔 7 天喷 1 次，连续防治 2～3 次，防效可达 85%～90%。1.8% 阿维菌素乳油对叶螨类、鳞翅目、双翅目幼虫有很好的防治效果，用 1.8% 阿维菌素乳油，每 667 米^{2}用 5～10 毫升，稀释 6 000 倍，每 15～20 天喷 1 次，防治茄果类叶螨效果在 95% 以上；每 667 米^{2}用 15～20 毫升，防治美洲斑潜蝇初孵幼虫，防治效果 90% 以上，持效期 10 天以上；同样用量稀释 3 000～4 000 倍，防治 1～2 龄小菜蛾及 2 龄菜青虫幼虫，防治效果也在 90% 以上。

4. 以抗生素治病 2% 武夷菌素水剂 150 倍液可防治瓜类白粉病、番茄叶霉病、黄瓜黑星病、韭菜灰霉病，病害初发时喷药，间隔 5～7 天喷 1 次，连续防治 2～3 次，有较好的防治效果。2% 嘧啶核苷类抗生素水剂 150 倍液灌根可防治黄瓜、西瓜枯萎病，每株灌药 250 克，初发病期开始灌药，间隔 7 天，连灌 2 次，防治效果达 70% 以上；用 150 倍液喷雾防治瓜类白粉病、炭疽病、番茄早疫病、晚疫病、叶菜类灰霉病，也有较好的防治效果。用 72% 农用硫酸链霉素、90% 新植霉素可溶性粉剂 4 000～5 000 倍液喷雾防治黄瓜、甜椒、辣椒、番茄、十字花科蔬菜细菌性病害，效果很好。

（四）萝卜生产禁用农药

采用化学农药防治蔬菜病虫害会使蔬菜残留一定数量的农药。当这些残留农药超过一定数量时则有害于人体健康，甚至中毒身亡。因此，联合国粮农组织和世界卫生组织，以及许多国家都制定了各种农药在不同蔬菜上的允许残留量。

萝卜安全生产中要求以农业防治和生态学防治病虫害，少用农药或不用农药，严禁使用剧毒、高毒、高残留或三致（致癌、致畸、致突变）农药。使用化学农药时，应执行 GB/T 8321、NY/T 393—2013 标准要求，并注意合理混用、轮换、交替用药，防止或推迟病原物和害虫抗药性的产生和发展。

第七章
萝卜的采收及贮藏

一、采　收

（一）品种要求

　　萝卜的采收期要根据品种、播种期、植株生长状况和收获后的用途而定。当肉质根充分长大，叶色转淡并开始变为黄绿色时就可随时采收，供应市场。采收期的长短要依据种植品种的成熟期及市场需求灵活掌握。例如，冬春萝卜、春夏萝卜是主要的春夏季补淡蔬菜，当肉质根横径达 5 厘米以上，单根重达 0.5 千克左右时，就可根据市场行情随时采收，这茬萝卜虽然产量不是很高，但产值不低，能增加农民收入，丰富市场。秋冬萝卜栽培是秋季播种，初冬收获。这个季节温度由高到低，是萝卜的最佳栽培季节，生产的萝卜品质优良，商品性好，产量高，是重要的冬贮蔬菜。采收期要根据当地的气候条件和品种特性来确定，适期收获。收获过早，肉质根还未充分膨大，气温高，易脱水糠心，风味差，品质劣；收获过晚，生育期过长，肉质根组织衰老速度加快，容易引起糠心，同时还容易受冻。秋冬萝卜的收获适期是

在气温低于 –3℃的寒流到来之前。

（二）采前要求

为确保萝卜产品的食用安全，采前 10～15 天禁止施用任何农药；为便于采后运输和贮藏，采收前 1 周停止浇水。

（三）采收后的生理变化

萝卜采收后仍然是有生命的个体，进行着旺盛的生理活动，主要表现在呼吸作用和蒸腾作用。萝卜收获后离开了原来的栽培环境和生长的母体，呼吸作用所需要的原料只能依赖本身储存的有机物和水分，待体内有机物和水分消耗到不能正常维持生理活动时，就会出现各种生理失调现象，即肉质根失水萎蔫、糠心、腐烂等。

萝卜不同品种之间呼吸强度有差异。一般晚熟品种的呼吸强度高于早熟品种，这是因为晚熟品种生长期较长，体内积累的有机物质相对较多。夏季收获的萝卜比秋冬季节收获的呼吸强度大，这是因为夏季的温度较高所致。影响萝卜呼吸作用的因素有品种、发育年龄、成熟度等内在因素，以及贮藏期间温度、气体成分、空气湿度、机械损伤与病虫害等环境因素。

萝卜在采收后，由不断的蒸腾脱水引起的最明显的现象是失重和失鲜。失重即"自然损耗"，包括水分和干物质的损失，其中失水是主要的。失鲜是质量方面的损失。随着蒸腾失水，萝卜在形态、结构、色泽、质地、风味等各方面发生变化，降低了萝卜的食用品质和商品品质。影响蒸腾作用的决定因素是贮藏条件，主要指空气的温度、相对湿度和流速。温度高会加强空气的吸水力，加速萝卜蒸腾失水；空气湿度越高，萝卜蒸腾失水越慢。贮藏中，萝卜因蒸腾作用而使周围空气的湿度接近于饱和。这时若空气静止，空气中水分仅靠扩散向湿度低处移动，速度较慢；若空气流动，则高湿度空气不断被吹走，随之而来的是较干燥的空气，萝卜周围经常保持着较大的饱和差，就会加强蒸腾作用。风速越大，萝卜越易失水萎蔫。所以，贮藏管理要注重温度和湿度的调节，贮藏场所不宜通风过度。对贮藏的萝卜进行适当的覆盖或包装，是减轻蒸腾失水的有效措施。

（四）采后处理

为保证萝卜商品品质，提高萝卜流通中的质量，采收后需要对萝卜进行整理、分选、包装、预冷等商品化处理。

1. 整理　将萝卜肉质根从土中拔起或挖出后剥去泥土，用于就近上市或装车运输供应市场的萝卜，切去叶片，可保留少量叶柄；用于贮藏的萝卜，用刀将叶和茎盘削去。

2. 分选　分级、筛选同时进行。在分选过程中，剔除分杈、裂根、弯曲、黑斑及有破损和病虫危害的萝卜，根据不同的消费群体及市场需求，按萝卜肉质根的长短、粗细进行分级，一般分为精品和普通级，做到优质优级，优级优价，分级可减少浪费，方便包装和运输。

3. 包装　包装可减少萝卜间的摩擦、碰撞和挤压造成的损伤，使其在流通中保持良好的稳定性，提高商品率。包装可用筐、麻袋、纸箱或编织袋等，装袋时从下往上将清洗后的萝卜朝同一个方向整齐平放；面向超市和用作精品的萝卜先用网状套套在萝卜中段，再进行包装。包装容器要求清洁、干燥、牢固、透气；无污染，无异味，无有毒化学物质；内部无尖突物、光滑，外部无尖刺。包装的规格大小和容量要考虑便于堆码、搬运及机械化、托盘化操作，萝卜产品加包装物的重量一般不超过20千克。

4. 预冷　为减少萝卜运输中的损失，提高萝卜保鲜率和商品品质，可将经过整理包装的萝卜进行机械预冷处理，其目的是迅速除去萝卜田间热和呼吸热。萝卜如果不通过预冷进行长途运输,很快便会失水萎蔫、腐烂变质、降低商品率。

机械预冷是在一个经适当设计的绝缘建筑（即冷库）中借助机械冷凝系统的作用,将库内的热传到库外,使库内的温度降低并保持在有利于延长贮藏寿命的范围内。其优点是不受外界环境条件的影响,可以长时间维持冷藏库内需要的低温。冷库内的温度、空气相对湿度及空气的流通都可以控制、调节,以适合萝卜冷藏时的需要。预冷时,将整理过的萝卜搬入冷库,以水平方式堆码,堆码的层数不宜过高,一般以 5 层为宜。无论是袋装,还是尚未包装的产品,在冷库堆放时都应成列、成行整齐排列,每两行或两列之间要留有 30 厘米左右的间隙,以便于观察和人工操作。通常情况下,使萝卜的中心温度达到 2℃～4℃,表面温度达 −2℃ 的预冷时间大约需要 8 小时。经过预冷的萝卜,就可装在专用的运输车上,尽快运往销售目的地。如果不是直接装车运走,应在冷库条件下贮藏,冷库应保持 0℃～3℃ 的温度,90%～95% 的空气相对湿度。如果贮藏温度保持不当,萝卜出库时会变黄,有斑点。

5. 运输 经过预冷后的萝卜,在装车前将车厢底面和厢板四周铺上专用保温棉套,然后装车,边装边覆盖棉套,装完后检查是否完好。在运输过程中保持低温高湿的环境条件,以免温度升高,影响萝卜的商品性。在有条件的情况下,最好使用专用的空调冷藏车运输,以减少损失,提高萝卜商品率。

二、贮　藏

（一）贮藏原理

肉质根含水量高、营养丰富、组织脆弱,易受机械损伤而引起有害微生物的侵染，造成腐烂。萝卜贮藏保鲜的目的，在于尽量减少自然损耗和腐烂损耗，保持新鲜萝卜的品质（形态、色泽、营养和风味等）。自然损耗是指由于生理活动使萝卜的重量、外观、营养成分等在贮藏中发生变化而造成的损耗。腐烂损耗是指由于有害微生物活动引起腐烂变质而造成的损耗。

呼吸作用是植物体中所发生的重要生理机能之一。呼吸作用不是孤立的，它是整个机体代谢的中心，贮藏保鲜的一切技术措施，应当是以保证它们正常呼吸作用的进行为基础。萝卜贮藏保鲜时，首先要选择遗传性上耐贮藏和抗病的品种，并且采前的外界因素使其耐贮性、抗病性得到充分的表现。采后要控制贮藏的环境条件，主要是为了保持萝卜耐贮藏性和抗病性。萝卜贮藏的原理是：根据萝卜采后的生理特点，维持萝卜缓慢而又正常的生命活动，延缓衰老，保持新鲜萝卜的品质，即形态、色泽、营养和风味。

（二）主要贮藏方式

萝卜的冰冻点为 $-1.1℃$，最适宜的贮藏温度为 $1℃\sim3℃$，空气相对湿度为 $85\%\sim90\%$，土壤湿度为 $12\%\sim15\%$，在不同地区要采用适宜的贮藏方式。萝卜的主要贮藏方式有埋（沟）藏、窖藏、假植贮藏等，这些都是利用自然气温和地温来调节和维持较适宜的贮藏温、湿度和气体条件，通称为简易贮藏。此外，还有通风贮藏库、冷藏库等具有固定式建筑结构的贮藏场所，它们有较完善的通风系统和隔热结构，在库内装有机械制冷设备，可以随时提供所需的低温，不受地区、季节的限制。目前，萝卜贮藏保鲜的方法不少，其目的都是保持适宜而稳定的温度、湿度和气体条件，在一定程度上降低其生理代谢作用和抑制有害微生物的活动。因此，应了解各种贮藏方式的基本特点，结合实际情况灵活运用。

1. 埋（沟）藏　萝卜埋藏是利用稳定的土壤温度、潮湿阴凉的环境，以减少萝卜蒸腾作用，保持其新鲜状态。埋（沟）藏时，先在地面挖沟，将萝卜堆放在沟内或与湿润的细沙土分层堆码于沟内，然后根据天气的变化，分次进行覆土。覆土厚度以可抵御寒冷、不使萝卜受冻为宜。

贮藏沟应设在地势高、水位低而土质保水力较强的黏性土壤地块为好。此沟通常为东西延长。将挖起的表土堆在沟的南侧，起遮阴作用，底土较洁净，杂菌少，供覆盖用。贮藏沟的宽度、深度和长度要根据当地的气候条件、贮藏的数量而定。宽度一般为 1～1.5 米，沟过宽会增大气温的影响，降低土壤的保温作用。深度应比当地冬季的冻土层深些，从南方往北方逐渐加深，沟越深，保温效果越好，降温则越困难，埋藏后易发热；过浅会使萝卜遭受冻害。北京地区冻土层厚不足 1 米，贮藏沟深度多为 1～1.2 米。沈阳地区冻土层厚为 1～1.2 米，沟深为 1.6～1.8 米。由北向南，沟深渐减，济南约 1 米，开封、徐州一带约 0.6 米。为了掌握土温情况，可在沟中间设一竹（木）筒，内夹温度计，以便及时了解萝卜贮藏沟内温度。沟的长度由贮藏数量来决定。一般深 1 米、宽 1 米、长 4 米的沟，可贮藏萝卜 800 千克左右。沟的四壁要削平。在黏性土壤中，贮藏沟的四壁应垂直，沟底要平。

沟开好后，将选好的萝卜放入沟内埋藏，一般采用层积法。萝卜头部朝上，一个挨一个排靠在沟中，并用土填充空隙、覆盖萝卜，覆盖厚度以 5 厘米左右为宜。码好一层后，再码第二层，一般码三层为好，萝卜顶层表面应在冻土层以下。这样埋（沟）藏，能使萝卜在较长时期内保持较多的水分，不糠心。覆土后，将多余的土堆在贮藏沟的南侧以遮阴。随着外界气温的下降，应不断地增加盖土，每次覆土厚度以 15～20 厘米为宜。当气温骤然下降时，要及时盖土。在贮藏期间要保持沟内适度潮湿，这样可贮藏到翌年 3 月份。

埋（沟）藏方法简便，不需要任何设备，成本最低。在田间或空地上都可挖沟埋藏，贮藏结束便可拆除填平，不影响农田使用。

2. 窖藏　贮藏窖有多种形式，其中以棚窖贮藏最为普遍。棚窖可自由进出，便于检查产品，也便于调节窖内温度、湿度，贮藏效果较好。我国南、北方各地都有应用。

棚窖建造时，先在地面挖一长方形窖身，窖顶用木料、玉米秸、稻草和土覆盖。根据入土深浅可分为半地下式和地下式两种类型。较温暖的地区或地下水位较高处多用半地下式，寒冷地区多用地下式。半地下式棚窖一般入土深 1～1.5 米，地上堆土墙高 1～1.5 米。地下式棚窖入土深 2.5～3 米。棚窖的宽度不一，宽度在 2.5～3 米的称为"条窖"，4～6 米的称为"方窖"。窖的长度视贮藏量而定，但也不宜太长，为便于操作管理，一般长为 20～25 米。窖顶的棚盖可用木料、竹竿等作横梁；有的在横梁下面立支柱，上面铺成捆的秸秆，再覆土踩实；顶上开设若干个窖口（天窗），供出入和通风之用。窖口的数量和大小应根据当地气候和贮藏的蔬菜种类而定。棚窖一般大小为 0.5～0.8 米^3，间距 2.5～3 米。大型的棚窖常在两端或一侧开后窖门，以便于萝卜下窖，也可加强贮藏初期的通风降温作用，天冷时再堵死。

3. 假植贮藏　这是将田间生长着的萝卜连根拔起，然后紧密有序地放置于有保护设置的场地——阳畦或苗床，使其处在极其微弱的生长状态，保持其鲜嫩品质，推迟上市时间的一种贮藏方式。这种方式一般适宜于秋种冬收的萝卜贮藏。假植的方法可分为埋根和不埋根两种。埋根假植时，将萝卜紧密地竖放在深 6～10 厘米的南北走向的小沟里，再用土将根埋没。采用这种方法贮藏时，萝卜仍处在生长的状态下，能够吸收较多的水分，贮藏后的品质仍然较好。不埋根假植时，将萝卜一棵紧挨一棵地囤在阳畦或苗床内，既不挖沟，也不埋土。这种方法贮藏的萝卜数量比较多，用工也比较省，同时，在根部附近形成了较大的空隙，有利于空气流通，可以降低菜堆中的温度。但是，与埋根假植相比，菜堆内的温度不够稳定，而且吸水能力弱，贮藏后的萝卜品质稍差。假植贮藏的萝卜只能假植一层，不能堆积，株行距还应留适当通风空隙，覆盖物与萝卜表面也要留有一定空隙，以便透入一些散射光。土壤干燥时还需浇水，以补充土壤水分的不足，同时也有助于降温。在贮藏后期天气严寒时要做好防寒工作，以免萝卜受冻。防寒的方法是在阳畦的北端设立风障或直接对萝卜进行覆盖。

萝卜采用假植贮藏时可继续从土中吸收一些水分，补充蒸腾的损失；有时还能进行微弱的光合作用，使叶片中的养分向食用部分（肉质根）转移，改进产品品质，提高商品性。

4. **通风库贮藏**　这也是北方地区常用的方法，具有贮量大、管理方便等特点。与棚窖相比，通风贮藏库有较为完善的隔热建筑和较先进的通风设备，操作比较方便。通风库有地上式、半地下式和地下式3种类型，应根据当地地形、地势、地下水位的高低选用通风库类型。建筑材料可因地制宜，现在一般用砖石和钢筋水泥建造固定式建筑，因此通风贮藏库也称固定窖。通风库同棚窖一样，也是利用空气对流的原理，引入外界的冷空气吸收库内的热能再排出库外而起到降温作用。但它具有较完善的通风系统和隔热结构，降温和保温效果与棚窖相比大大提高，可以长期使用，且为发展夏季蔬菜贮藏提供了基本条件。

（三）贮藏要点

我国南方地区气候温暖，萝卜可露地越冬，随时供应新鲜产品，贮藏不很普遍；而在长江沿岸及北方冬季严寒地区，萝卜必须在上冻前收获贮藏，以供冬、春季节市场需要。可见，萝卜的贮藏工作既是生产的延续，又是生产的补充。

1. **选用耐贮品种**　不同萝卜品种之间的耐贮性、抗病性的差别很大，贮藏萝卜以皮厚、肉质较紧密、质脆、含糖量多的品种为宜；地上部比地下部长的品种较好；绿皮品种比红皮品种和白皮品种耐藏。一般晚熟品种比早熟品种耐贮、抗病。

2. **适期晚播晚收**　用于贮藏的萝卜应适当晚播，延迟收获，在不受霜冻的情况下，应尽量晚收为宜。北京地区一般在10月中下旬，山东地区一般在10月下旬至11月上旬，河南在10月中旬至11月中旬收获。萝卜在当地轻霜后收获较为适宜。萝卜一般在肉质根充分膨大、基部已"圆腔"，叶色转淡并开始变为黄绿色时采收。

3. **收后晾晒预贮**　萝卜在贮藏前要先经晾晒，使其体内的一部分水分蒸发，增加表皮组织的韧性和强度。晾晒要恰到好处，干燥的晴天水分蒸发快，晾晒的时间不能超过半天，晾至外部叶片发软即可。若萝卜不经过晾晒就贮藏，因其含水量高，质地脆嫩，肉质根容易折断损伤，并且呼吸作用强，会引起窖内温度增高；加之，水分多，湿度大，所以很容易引起萝卜腐烂变质。收获时，如窖温和气温较高，可在窖旁及田间预贮，拧去缨叶，将萝卜堆积在地面或浅坑中并覆盖一层细湿的薄土或覆盖菜叶进行遮光降温，防止失水及受冻。待地面开始结冻时将萝卜入窖。

4. **精挑细选入窖**　为避免腐烂应挑选肉质根表皮光滑、无病虫伤害及机械伤害的萝卜入窖。为了防止萝卜发芽和腐烂，入窖前萝卜要去缨，去缨的方法可以拧去叶子，留下带有生长点的茎盘；也可以用刀将叶和茎盘削去，并蘸些新鲜草木灰。注意不要使肉质根受损伤，以免在贮藏中病菌从伤口侵入而引起萝卜腐烂。

5. 注意通风换气 萝卜的贮藏一般采用层积法、堆积法或假植法。由于萝卜之间摆放较紧密，呼吸作用产生的热量不易散发，特别在贮藏前期，气温还比较高，萝卜容易发热腐烂，因此，在贮藏期间要注意通风换气，适当覆盖，以降温为主；随着气温不断下降，应逐渐缩小通风口面积，缩短通风时间，同时逐渐加厚覆盖物，以保温为主。覆盖和通风除了起调节温度的作用外，还有调节贮藏场所内部空气湿度和气体成分的作用。

附 录

NY/T 5083—2002
无公害食品 萝卜生产技术规程

1. 范 围

本标准规定了无公害食品萝卜产地环境要求和生产技术管理措施。

本标准适用于无公害食品萝卜的生产。

2. 规范性引用文件

下列文件中的条款通过本标准的引用而成为本标准的条款。凡是注日期的引用文件，其随后所有的修改单（不包括勘误的内容）或修订版均不适用于本标准，然而，鼓励根据本标准达成协议的各方研究是否可使用这些文件的最新版本。凡是不注日期的引用文件，其最新版本适用于本标准。

GB 4286 农药安全使用标准

GB/T 8321（所有部分） 农药合理使用准则

NY/T 496 肥料合理使用准则 通则

NY 5010 无公害食品 蔬菜产地环境条件

3. 产地环境

应符合 NY 5010 的规定。

4. 生产管理措施

4.1 前 茬

避免与十字花科蔬菜连作。

4.2 土壤条件

地势平坦、排灌方便、土层深厚、土质疏松、富含有机质、保水、保肥性好的沙质土壤为宜。

4.3 品种选择

4.3.1 种子选择原则

选用抗病、优质丰产、抗逆性强、适应性广、商品性好的品种。

4.3.2 种子质量

种子纯度 ≥ 90%，净度 ≥ 97%，发芽率 ≥ 96%，水分 ≤ 8%。

4.4 整 地

早耕多翻，打碎耙平，施足基肥。耕地的深度根据品种而定。

4.5 做 畦

大个型品种多起垄栽培，垄高 20～30 厘米，垄间距 50～60 厘米，垄上种 2 行或 2 穴；中个型品种，垄高 15～20 厘米，垄间距 35～40 厘米；小个型品种多采用平畦栽培。

4.6 播 种

4.6.1 播种量

大个型品种每 667 米^2 用种量为 0.5 千克；中个型品种每 667 米^2 用种量为 0.75～1 千克；小个型品种每 667 米^2 用种量为 1.5～2 千克。

4.6.2 播种方式

大个型品种多采用穴播；中个型品种多采用条播方式；小个型品种可用条播或撒播方式。播种时有先浇水播种后盖土和先播种盖土后再浇水两种方式。平畦撒播多采用前者，适合寒冷季节；高垄条播或穴播多采用后者，适合高温季节。

4.6.3 种植密度

大个型品种行距株距20～30厘米；中个型品种行距株距15～20厘米；小个型品种可保持8～10厘米。

4.7 田间管理

4.7.1 间苗定苗

早间苗、晚定苗，萝卜不宜移栽，也无法补苗。第一次间苗在子叶充分展开时进行，当萝卜具2～3片真叶时，开始第二次间苗；当具5～6片真叶时，肉质根破肚时，按规定的株距进行定苗。

4.7.2 中耕除草与培土

结合间苗进行中耕除草。中耕时先浅后深，避免伤根。第一、二次间苗要浅耕，锄松表土，最后一次深耕，并把畦沟的土壤培于畦面，以防止倒苗。

4.7.3 浇 水

浇水应根据作物的生育期、降雨、温度、土质、地下水位、空气和土壤湿度状况而定。

4.7.3.1 发芽期：播后要充分灌水，土壤有效含水量宜在80%以上，北方干旱年份，夏秋萝卜采取"三水齐苗"，即播后一水，拱土一水，齐苗一水。以防止高温发生病毒病。

4.7.3.2 幼苗期：苗期根浅，需水量小。土壤有效含水量宜在60%以上。遵循"少浇勤浇"的原则。

4.7.3.3 叶生长盛期：此期叶数不断增加，叶面积逐渐增大，肉质根也开始膨大，需水量大，但要适量灌溉。

4.7.3.4　肉质根膨大盛期：此期需水量最大，应充分均匀浇水，土壤有效含水量宜在80%以上。

4.7.4　施　肥

4.7.4.1　施肥原则

按 NY/T 496 执行。不使用工业废弃物、城市垃圾和污泥。不使用未经发酵腐熟、未达到无害化指标、重金属超标的人畜粪尿等有机肥料。

4.7.4.2　施肥方法

结合整地，施入基肥，基肥量应占总肥量的70%以上。根据土壤肥力和生长状况确定追肥时间，一般在苗期、叶生长期和肉质根生长盛期分二次进行。苗期、叶生长盛期以追施氮肥为主，施入氮磷钾复混肥15千克；肉质根生长盛期应多施磷、钾肥，施入氮磷钾复混肥30千克。收获前20天内不应使用速效氮肥。

4.8　病虫害防治

4.8.1　农业防治

选用抗（耐）病优良品种；合理布局，实行轮作倒茬，提倡与高秆作物套种，清洁田园，加强中耕除草，降低病虫源数量；培育无病虫害壮苗。

4.8.2　药剂防治

4.8.2.1　药剂使用的原则和要求

4.8.2.1.1　禁止使用国家明令禁止的高毒、剧毒、高残留的农药及其混配农药品种。禁止使用的高毒、剧毒农药品种有：甲胺磷、甲基对硫磷、对硫磷、久效磷、磷胺、甲拌磷、甲基异柳磷、特丁硫磷、甲基硫环磷、治螟磷、内吸磷、克百威、涕灭威、灭线磷、硫环磷、蝇毒磷、地虫硫磷、氯唑磷、苯线磷、六六六、滴滴涕、毒杀芬、二溴氯丙烷、杀虫脒、二溴乙烷、除草醚、艾氏剂、狄氏剂、汞制剂、砷、铅类、敌枯双、氟乙酰胺、甘氟、毒鼠强、氟乙酯钠、毒鼠硅等农药。

4.8.2.1.2 使用化学农药时，应执行 GB 4286 和 GB/T 8321（所有部分）。

4.8.2.1.3 合理混用、轮换、交替用药，防止和推迟病虫害抗性的产生和发展。

4.9 采 收

根据市场需要和生育期及时收获。

三农编辑部新书推荐

书　名	定　价
西葫芦实用栽培技术	16.00
萝卜实用栽培技术	16.00
杏实用栽培技术	15.00
葡萄实用栽培技术	19.00
梨实用栽培技术	21.00
特种昆虫养殖实用技术	29.00
水蛭养殖实用技术	15.00
特禽养殖实用技术	36.00
牛蛙养殖实用技术	15.00
泥鳅养殖实用技术	19.00
设施蔬菜高效栽培与安全施肥	32.00
设施果树高效栽培与安全施肥	29.00
特色经济作物栽培与加工	26.00
砂糖橘实用栽培技术	28.00
黄瓜实用栽培技术	15.00
西瓜实用栽培技术	18.00
怎样当好猪场场长	26.00
林下养蜂技术	25.00
獭兔科学养殖技术	22.00
怎样当好猪场饲养员	18.00
毛兔科学养殖技术	24.00
肉兔科学养殖技术	26.00
羔羊育肥技术	16.00

三农编辑部即将出版的新书

序　号	书　名
1	提高肉鸡养殖效益关键技术
2	提高母猪繁殖率实用技术
3	种草养肉牛实用技术问答
4	怎样当好猪场兽医
5	肉羊养殖创业致富指导
6	肉鸽养殖致富指导
7	果园林地生态养鹅关键技术
8	鸡鸭鹅病中西医防治实用技术
9	毛皮动物疾病防治实用技术
10	天麻实用栽培技术
11	甘草实用栽培技术
12	金银花实用栽培技术
13	黄芪实用栽培技术
14	番茄栽培新技术
15	甜瓜栽培新技术
16	魔芋栽培与加工利用
17	香菇优质生产技术
18	茄子栽培新技术
19	蔬菜栽培关键技术与经验
20	李高产栽培技术
21	枸杞优质丰产栽培
22	草菇优质生产技术
23	山楂优质栽培技术
24	板栗高产栽培技术
25	猕猴桃丰产栽培新技术
26	食用菌菌种生产技术